JN006171

サイト別
ネット中傷・炎上
対応マニュアル

〔第4版〕

清水陽平

Yohei Shimizu

弘文堂

第 4 版 は じ め に

　本書の第3版の出版から約3年が経過しました。

　インターネットは，2001年頃から低価格での定額ブロードバンド接続サービスが普及するとともに急速に広がり，今や日常生活においても必要不可欠なインフラ，メディアの1つとして利用されています。そして，第3版の出版から現在までの間だけでも，ウェブサイトが閉鎖したり，閉鎖しないまでも管理されなくなって放置されているサイトが生まれる一方，SNSへの投稿は一層増加している様子が見て取れます。

　SNSで誰もが気軽に情報発信ができ，楽しく交流することが行われている一方で，匿名で利用されていることが通常であることもあり，弊害として，他者を誹謗中傷するなどする状況も増加しています。このような傾向が強く意識されたきっかけとして，2020年5月，リアリティショーに出演していた女子プロレスラーが誹謗中傷をきっかけに死亡した事件を指摘することができます。

　しかし，この事件をきっかけとして，インターネット上での誹謗中傷はいけないことだ，ということが世間でも広く認識され始めたように思います。そして，通信行政を所管する総務省は，インターネット上の誹謗中傷への対応としてどのようなことができるのかを「発信者情報開示の在り方に関する研究会」において議論し（筆者も研究会に参加しました），「プラットフォームサービスに関する研究会」においてインターネット上の誹謗中傷の現状や，その対応に関する議論を行っています。

　「発信者情報開示の在り方に関する研究会」での議論を踏まえて，「特定電気通信役務提供者の損害賠償責任の制限及び発信者情報の開示に関する法律」（以下「プロバイダ責任制限法」）は，2021年4月28日に改正（公布）され，2022年10月1日，施行されました。

改正前のプロバイダ責任制限法は，2001年に制定され2002年から施行された法律であり，施行時は，インターネットの利用がまだ一般に浸透しているとまでは言えない時代でした。しかしその後，スマートフォンの登場を機にSNS利用者が爆発的に増え，今ではインターネットに繋がっていないことの方が珍しいとまで言える状況になっています。第4版では，この法律改正を踏まえ，第4章の発信者情報開示に関して大幅な加筆修正を行っています。本書執筆時点では実務的運用がどうなるか明らかになっていない部分もありますが，概要はお分かりいただけるよう説明しようと努めました。

　また，炎上対応に関する第5章も大幅な修正を行いました。テレビなどの旧来からあるメディアは，以前はインターネット上の話題を取り上げることはあまり多くはなかったのですが，近時は積極的に取り上げています。そのため，ネット上だけで済んでいた炎上が，より世間に知られやすくなっており，炎上に対応する必要性がより一層意識されているように感じられます。そこで，炎上に関しての現状を踏まえ，内容を整理し直すとともに，加筆を行っています。

　インターネット上の誹謗中傷に対応するための書籍は複数出版されていますが，それらはもっぱら実務家（弁護士）向けに書かれており，一般ユーザーや企業の担当者には少々難しいものも多いように思われます。そこで本書は，基本として押さえておく必要がある権利の内容や，手続きの流れについては概説するにとどめ，サイト別の具体的な対応方法を豊富な画像を用いつつ解説することにしました。これにより，一般ユーザーの方や，インターネット問題にこれから取り組む企業の法務担当者や弁護士などの実務家の方にも，一見してわかるような方向性を目指しています。具体的な各章の内容は，次のとおりです。

　第1章では，インターネット上で起こりうる10のトラブル事例を通じて，どのような対応策が採りうるかをはじめに考えます。

　第2章では，書込みを消す削除依頼と書込みした人物を特定する開示

請求の概要と，それらを行うための法的根拠を説明します。

　第3章では，削除依頼の具体的な方法を，第1章のトラブル事例など
を用いながら解説します。

　第4章では，開示請求の具体的な方法を，第3章と同様に，第1章の
トラブル事例などを用いながら解説します。

　第5章では，不祥事などをきっかけとした炎上への対応について，危
機管理の観点からまとめます。

　第6章では，約30の代表的なウェブサイトに関する個別の対応方法
を，実際の画面を使って説明します。

　さらに巻末には「インターネット関連用語集」として，本書全体に関
わりのある用語の解説を掲載しました。

　本書は，インターネットに関する案件を一通り行うことができる実務
家向けとしては物足りないものかもしれませんが，基本的な内容は網羅
しており，入門書としてお使いいただける内容になっています。弁護士
になったばかりであるとか，はじめてインターネット案件を扱うという
場合には，是非お手に取ってみていただければと思います。

　また，第6章「個別サイトへの対応」では，初版からのコンセプトを
踏襲し，画面の移り変わりに沿って解説を加えています。インターネッ
トに不慣れな方でも使いやすいものになっていると自負しており，特に
一般ユーザーが自分で削除依頼をする際に役立つものと思います。

　なお，文字による書込みだけでなく画像や動画による場合も，対応方
法は基本的に同じであるため，本書で「書込み」という表現を用いてい
る場合には，画像や動画も含むと考えていただければ幸いです。

　本書の読み方ですが，必ずしも第1章から読む必要はありません。特
に，具体的な事案の対応に迫られている場合には，第6章の該当するサ
イトの解説を実際の画面を見ながら読んだ上で，手続きに必要な情報が
掲載された章を読んでもよいでしょう。

インターネット上でされる誹謗中傷等の相談は増加の一途を辿っていますし，新しいサイトが次々に作成されており，そのサイトに即した対応方法が必要になるため，すべてに的確に対応していくことは難しいですが，本書がインターネット上で権利侵害を受けているすべての方の問題解決の一助になれば幸いです。

　なお，本書に掲載している情報は，2022年9月時点のものです。

2022年9月

清　水　陽　平

『サイト別　ネット中傷・炎上対応マニュアル〔第4版〕』　目　次

第4版はじめに

第1章　ネットトラブルでできること　　**11**

附　録　　インターネット関連用語集　　　　**348**

第4版おわりに

判例集の略語
判時：判例時報
判タ：判例タイムズ

ネットトラブルでできること

1 誹謗中傷などの事例

　昨今，ネット上でトラブルに巻き込まれる事例が非常に増えています。まずは，どのような事例があるのか見てみましょう。

事例1 〉〉〉

お客様対応をした従業員がお客様を怒らせてしまい，その従業員の名前や勤務先の情報をもとに，自宅の住所や電話番号などの個人情報が割り出されて，掲示板に投稿された場合

　携帯電話販売代理店のもしもしもしもケータイショップ城南店に勤務する横田愛梨紗さんは，会社の方針で「後で解約されても構わないから，できるだけ多くのオプションを申し込んでもらうように」と指導されていたので，普段から後から解約できるということを説明したり，いくつかのオプションについては新規契約や他社からの乗り換えだと最初の1か月は無料で利用できるということを説明したりすることで，オプションを申し込んでもらっていました。

　ある日，高津健蔵さんが機種変更をしたいと思い，店を訪れました。高津さんの接客は，当初，横田さんの同僚の大山麻菜さんが行っていましたが，途中から横田さんが引き継いで手続を行いました。横田さんはオプションの説明をしましたが，高津さんが機種変更で訪れているという情報が大山さんから十分伝わっていなかったため，機種変更の場合は，オプション利用の最初の1か月が無料にならないという説明ができませんでした。

2か月後，利用料がかかったことに気づいた高津さんが「1か月目のオプションの利用料がかかっていることはおかしい，説明しろ」と店に怒鳴り込んできました。横田さんは自分が担当したかどうかは覚えていなかったものの，伝票を確認したところ自分が担当していたことがわかりました。横田さんはオプションの説明を自分が間違えたとは思えず，高津さんが聞き漏らしただけだと考えました。そのため，「ご迷惑をおかけして大変申し訳ございません。こちらのご説明が不十分だったかもしれません。ただ，誠に恐れ入りますが，これまでのオプションの利用料についてはご負担いただかなくてはなりません」と言葉を返しました。

　高津さんは「このオプションを最初からなかったことにしろ」，「かかったオプション代は払わない」などと繰り返し，納得しない様子で店内にとどまっていましたが，その後しばらくして帰って行ったので，横田さんはほっとしていました。

　数日後，横田さんの携帯電話に，複数の知らない電話番号から無言電話やワン切り（相手に着信履歴が残るように，1回のコールで電話を切ること）などがされるようになるとともに，頼んだこともない通信販売のカタログが複数自宅に届くようになりました。

　おかしいと感じた横田さんが，もしかしてと思いネットで自分の名前を検索すると，匿名掲示板に「もしもしもしもケータイショップ城南店の店員横田は詐欺師。こいつは東京都城南区城南平1-2-34-506に住んでる。同じ被害に遭ってる奴は警察にいってやれ！横田のケータイは080-1234-5678」といった書込みが複数されていました。

女性社長が，ネットに性的な嫌がらせの投稿をされたり，裸のコラージュ写真をアップされたりといったストーカー被害を受けた場合

　後藤奈帆子さんは女性向けの下着の企画・販売を学生ベンチャーで起業しました。後藤さんは日々考えたことや商品の宣伝も兼ねてブログを開設していましたが，書いていることや自由に投稿できるコメント欄での読者とのやり取りがおもしろいだけでなく，たまにアップする後藤さんの写真が美人だと評判になり，少しずつ人気のブログになっていきました。数年後，商品コンセプトが広く認められて，注目の若手女性起業家としてメディアでも取り上げられるようになりました。

　後藤さんは，広川直弥さんと大学時代から交際していましたが，仕事が忙しくなるにつれ，広川さんとはケンカが増え，別れることになりました。別れはお互いが納得した上で出した結論だと後藤さんは思っていたのですが，それから1週間ほどして，後藤さんのブログのコメント欄に，匿名で「後藤奈帆子は清楚なフリして淫乱です」という書込みとともに，裸の写真が投稿されていました。

　驚いた後藤さんはすぐにそのコメントを非表示にし，写真をよく見ました。後藤さんは自分の裸の写真を撮ったことも撮らせたこともなかった上に，特徴が自分とは異なっていたため，その写真が後藤さんの顔写真と別の女性の裸の写真を合成したコラージュ写真だとわかりました。

　同じ写真が他にも掲載されているのではないかと心配になり，画像検索をしたところ，案の定，複数の匿名掲示板などに「ランジェリー・コミュニケーションズ社の後藤社長は清楚なフリして淫乱です」という書込みとともに，同じ写真が投稿されていました。

**従業員が短文投稿サイトに不用意な動画を投稿したために，企業に
まで批判が拡大した場合**

　北村延生さんは東都大学に通いながら，ファミリーレストランを
全国展開するファニー・ファニー・レストラン社の畑町橋店でアル
バイトをしていました。北村さんは，非常に暑い日に悪ふざけで，
店の業務用冷蔵庫の中に入る動画をアルバイト仲間にスマートフォ
ンで撮影してもらいました。撮影の途中，店長は悪ふざけに気づい
たものの，あくまで悪ふざけだとわかっていたので，笑ってそれを
見ているだけで特に注意はせず，「ネットにアップするなよ」とだけ
いいました。動画には店長の様子も撮影されており，「ネットにアッ
プするなよ」という言葉も聞き取れるものでした。

　北村さんは，店長からネットにアップするなという注意を聞いて
はいましたが，短文投稿サイトでフォロー（お気に入りに登録するこ
と）し合っているのは親しい友人だけなので，他の人に見られるこ
とはないと考え，アルバイトの休憩時間に「バイトなう」という書
込みとともに，業務用冷蔵庫の中に入る動画を投稿しました。

　その動画を見た北村さんの友人たちは，「おもろいw」，「ばかっ
www」などと投稿をおもしろがって，北村さんの投稿を友人たちの
友人にも紹介していきました。北村さんは友人たちの笑いを取れた
ので満足し，休憩時間が終わるとアルバイトに戻りました。

　数時間後，店の電話が頻繁に鳴りはじめ，そのたびに店長が電話
口で怒鳴られているようでした。北村さんはどうしたのかと思い電
話の話に耳を傾けると，どうやら北村さんが休憩時間に投稿した動
画が原因のようでした。

　翌日には北村さんの名前，アルバイト先，大まかな自宅の住所，
通っている大学，学部などの情報がまとめられたサイトまで作られ
てしまい，ネット上の匿名掲示板には多数の批判的な書込みととも

に，畑町橋店とファニー・ファニー・レストラン社本社には「不衛生
だ」，「店長が気づきながら注意もしないというのは何事か」，「店長
が『ネットにアップするな』といっているようだが，バレなければ
客が食中毒になってもよいのか」，「どういう教育をしているのか」
といった苦情が殺到しました。

事例4 　〉〉〉

従業員の不祥事をきっかけに，SNSや掲示板に不買を呼びかける書込みやまとめ記事が掲載された場合

　吉澤尚基さんはビーフ・ボール・ジャパン社が運営する24時間営
業の牛丼チェーンの牛丼男子でアルバイトとして働いていました。
牛丼男子はスタッフをギリギリの人数で運営していたため，自由に
休みが取れない，体調が悪くても出勤しろといわれる，アルバイト
を辞めようとすると別の誰かを紹介してから辞めろといわれる，と
いうように，勤務環境は非常に悪いものでした。特に深夜帯は，ア
ルバイト1人で対応することが常態化しており，場合によっては昼
間からシフトに入って翌朝まで勤務する，という状況もたびたびあ
りました。

　ある日吉澤さんは，午後1時から翌朝午前5時までのシフトで働
いていました。昼間と夕方の時間帯は吉澤さん以外のスタッフもい
たものの，深夜帯になると吉澤さん1人の勤務になりました。吉澤
さんの勤務していた店舗は，深夜のお客さんが少ないオフィス街の
店舗で，その日もお客さんは全く来なかったため，吉澤さんは昼間
からの勤務の疲れもあり，思わず厨房に段ボールを敷いて寝てしま
いました。

　その後，30分ほどしてお客さんが来ても，吉澤さんは気づかず寝
入ったままでした。お客さんは店員が出てこないことを不審に思い，

厨房の方を覗いたところ，吉澤さんが段ボールを敷いて寝ているのを見つけました。お客さんはその状況を写真に撮り，「牛丼男子なう。店員がありえない」という内容とともに写真をSNSにアップしました。そうしたところ，「床に寝た体で調理してるのか？　不潔」，「勤務中に寝るとかありえない…」，「バイトか，使い捨てでかわいそうだな…」といった批判とともに，その写真は瞬く間にネット上に広がりました。

その結果，「牛丼男子は不衛生だから他の牛丼屋の方がよい」，「人を使い捨てるような会社のものは食べるべきじゃない」といった書込みが多数されるようになり，そのような書込みもまた拡散され，事の発端から不買運動までをわかりやすく説明したまとめサイトも多数作成されました。そして，「大手牛丼チェーン牛丼男子への不買運動広がる」という見出しで，ニュースとしても報じられてしまいました。

事例5 〉〉〉
競合他社が自社の評判を落とそうとして，自社製品・サービスをこき下ろしている場合

インターネット・チェッカーズ社は，ネット上で行われる誹謗中傷を監視するサービスを提供する企業です。インターネットの普及に伴ってこうしたサービスへのニーズは広がり，インターネット・チェッカーズ社も黎明期からサービスを提供してきた一社として，一定の地位を占めていました。それを支えているのは，より多くのシェアを獲得するという方針の下での積極的な営業活動でした。

しかし，2週間前から著しく法人顧客の成約率が低下しました。原因を調査したところ，インターネット・チェッカーズ社に対する批判的な書込みがgoogleマップのクチコミにされていることが判

明しました。書込みは，インターネット・チェッカーズ社自ら，見込み客の企業の誹謗中傷をネットに書き込んだ上でその企業に営業を行い，対策を提案するという，いわば自作自演をして契約を取る営業方法についてや，厳しいノルマがありブラックである，営業もとてもしつこいといったネガティブなものでした。インターネット・チェッカーズ社ではそのような営業方法は全く取っておらず，同社にとっては，これが嫌がらせであることは明白でした。そこで，批判の内容は事実とは全く異なるもので，書込みをした相手に対して厳正な法的対応を取るという内容の返信をクチコミに行いました。

　しかし，この返信についても，「はいはい，これも自作自演でしょ」，「炎上商法おつ www」，「で，犯人わかったんですか」といった揶揄する書込みが多数行われ，一見するとこうした書込みが正確な情報で，裏事情を暴露しているかのような印象を与えるものになっていました。

　インターネット・チェッカーズ社としては，競合他社がインターネット・チェッカーズ社の評判を落とすことで，間接的に売上げを伸ばそうとしているのだと考えましたが，その時点ではどの企業がやっているのかまではわかりませんでした。

事例6 〉〉〉
不満をもって退職したと思われる人が，ネット上に企業や社長の中傷や離職率などの非公開情報など従業員だけが知るネガティブな情報を書き込んでいる場合

　ホワイト・エージェンシー社は「ベンチャーといえども法令を遵守する」を標榜しており，サービス残業は絶対にさせないという企業風土を醸成し，福利厚生の充実も図っていました。小嶋光哉さんは創業メンバーの1人として勤務していましたが，会社の方向性に

ついて，たびたび社長の白石潔士さんと衝突し，最終的には退職してしまいました。

　小嶋さんが退職して半年後位から，就職・転職支援サイトやgoogle マップのクチコミなどに，ホワイト・エージェンシー社について「そこら辺にある単なるベンチャー。帰宅は毎日深夜過ぎ，朝は8時半から朝礼あり」，「離職率が70％位」，「他人の意見を聞かないワンマン社長。気に入らないと社長室に呼ばれて3時間位怒鳴られます」などといった投稿が見られはじめました。

　ホワイト・エージェンシー社では週の初めに朝礼を行っているものの，毎日は行っておらず，全社員の退社時間は遅くても20時位であり，社長室は存在していませんでした。また，離職率を算出したことはなかったものの，少なくとも70％ではないことは明らかでした。そのため，ホワイト・エージェンシー社で働く人が見れば，事実に反する嫌がらせの書込みであるといわざるをえない内容でした。

　また，小嶋さんが白石さんに叱られているときの状況とおぼしき音声データが，動画投稿サイトにアップロードされました。この音声データは，白石さんが横暴な叱り方をしているかのような編集と加工がされていました。動画投稿サイトに投稿された音声データは，検索した際に1ページ目に表示されていたので，労働環境が悪く，社長も横暴であるかのようにホワイト・エージェンシー社が受け取られかねない状況でした。また，このサイトが原因かは定かでないものの，就職内定者から内定を辞退するという連絡が複数入り，書込みや動画投稿サイトを放置しておけないと考えました。

企業名を検索すると，「詐欺」，「悪徳」，「ブラック」といったネガティブな言葉が関連ワードとして検索結果に表示される場合

　ヘルシーフードリビング社は健康食品を製造・販売する企業であり，ある成分を含んだサプリメントが爆発的ヒットになったこともありました。その当時，注文に生産が追いつかなかったため，社員の代表と話し合い，一定期間については休日も工場を稼働するが，その間の給与の補償は適切に行うという合意を行いました。しかし，一部の社員はこれをよく思わず，匿名掲示板の健康食品を話題にしているところに，「休みもなくてブラック」といった書込みを繰り返しました。

　数年後，その成分が健康面で効果を発揮すると書かれていた論文は検証が不十分で，実際には何ら効果がないと判明しました。その結果，ヘルシーフードリビング社のサプリメントについても，「詐欺商品だ」などといった書込みがされるようになりました。しかし，マスコミがそれを報じはじめた後も，ヘルシーフードリビング社は，しばらくの間そのサプリメントの製造・販売を続けました。そのため，「効果のないサプリを売りつけようとしている。悪徳企業だ」などといった書込みも多数されました。

　ヘルシーフードリビング社はネット上の評判を特に気にしていなかったため，過去の書込みも基本的にそのままになっており，検索エンジンで「ヘルシーフードリビング」や「ヘルシーフードリビング株式会社」と検索すると，「詐欺」，「悪徳」，「ブラック」というキーワードが関連する言葉として表示されるようになっていました。

　一方，ヘルシーフード・リビング社は，飲食店を経営する企業ですが，社名がヘルシーフードリビング社と偶然同じ発音でした。ヘルシーフード・リビング社は健康食品を扱っておらず，これまで批判を受けたこともなく，求人にも応募が集まっていました。しかし，

ヘルシーフードリビング社について「詐欺」,「悪徳」,「ブラック」というキーワードが表示されるようになってから,徐々に就職希望者が集まらなくなりました。事情を知らない人がネットを見たときに,ヘルシーフード・リビング社がまるで「悪徳企業」であるかのように思い違いをされる状況が原因だと考え,身に覚えのないネガティブな評価への対応に非常に悩んでいます。

事例 8 〉〉〉

出世を妬んだ同僚が,ネット上に事実かどうかの区別なく仕事やプライベートに関する評判や噂を書き込んでいる場合

　山崎佑三さんは新卒で東都ほがらか銀行に就職した後,出世コースといわれる部署を経験し,役員からも一目置かれ,同僚からは出世頭であり将来は取締役になるといわれていました。山崎さんの同僚で同じく出世街道を走っていた中野穣司さんは,どうしても後一歩のところで山崎さんに及ばず,自分の出世には山崎さんが目障りだと考えており,ことあるごとに山崎さんと対立していました。

　あるとき,ネット上の匿名掲示板に作られていた「【社内不倫】東都ほがらか銀行【やめようよ】」というスレッドに,「青坂支店の出世街道にいる奴に不倫発覚」,「そいつって,短髪でいつも淡いピンクのシャツ着てる奴のこと？　妊娠させて中絶を強要したらしい」,「不倫相手とのお出かけは愛車のベンツ　城西300あ1234　目撃情報多数」などと書き込まれていることを,山崎さんは仲のよい同僚から知らされました。東都ほがらか銀行でもこのようなスレッドの存在は知られており,同僚に書込みの存在を知らされた翌日には,山崎さんは上司に呼ばれて書込みに関する説明を求められました。

　山崎さんは,愛車がベンツであり,ナンバーも匿名掲示板に書かれた通りでしたが,不倫をしていたり妊娠・中絶をさせたりなどと

いう事実は全くないため，そのように説明をしたところ，上司は納得してくれました。ただ，上司からは「このような書込みは銀行としての信用にも関わるし，君の出世にも影響しかねない」といわれました。

　山崎さんは，自分にスキャンダルがあれば出世街道から外れると考えた中野さんが犯人ではないかと考えているものの，誰が書込みをしたのかという証拠はありません。また，出世にも影響すると上司にいわれた以上，書込みを早急に削除したいと思っています。

事例9　>>>

自社の営業上の秘密やノウハウに当たる情報が，SNS に投稿された場合

　香田将輝さんはある大手自動車メーカー NITOMA の車が好きなことが高じて，求人サイトに掲載されていた期間工に応募し，生産ラインで働いていました。

　NITOMA では，ある人気車種が「そろそろフルモデルチェンジして発売されるはずだ」と噂されていて，「新型車はこうなる！」といった予想図なども自動車雑誌などを中心にして盛り上がっていました。香田さんもこういった噂にとても興味を持っており，モデルチェンジした際は購入を検討しようと考えていました。しかし，香田さんの担当する生産ラインではその人気車種は扱われておらず，社内でもモデルチェンジ前の車の情報はとても厳重に管理されており，生産ラインの現場にまで降りてくることはありませんでした。

　しかしある日，香田さんが担当していない別のラインの検査ラインに何気なく立ち入ってみたところ，新型車があることを発見しました。そこで，スマートフォンで何枚か写真を撮影し，「＃新型」「＃自動車」というハッシュタグをつけて，「工場勤務だけど，新型車発

見！」とInstagramにアップしました。新型車の写真ということでたちまち写真は拡散しましたが，他方で，「会社の発表前にアップとかどうかしてる」「懲戒解雇＆損害賠償やろな…」といったコメントや，ネット掲示板での書込みも広がりました。

　香田さんはInstagramを匿名で利用していましたが，ブログも別にやっており，そのブログでは自分の顔が映り込んだ写真などもアップしていたほか，工場内で撮影したことがわかる写真が多数掲載されており，勤務先がわかるものになっていました。そのため，ネット掲示板では香田さんの特定作業が始まり，すぐに香田さんの氏名や勤務先の工場が判明してしまいました。

　NITOMAにはInstagramへの写真掲載直後から取材が始まりましたが，香田さんの情報が書かれた掲示板の書込みがまとめサイトに転載されてからは，勤務先工場にも多数の電話がかかってくるようになり，その対応が必要になりました。

事例10 〉〉〉
自分の名前を検索すると，過去の自身の犯罪歴を示す記事が出てくるため，仕事上の人間関係に支障をきたす場合

　杉山恭雄さんはかつて下短原市役所に勤務していましたが，ある日，電車内で女性のスカートの中を盗撮しました。盗撮をしたことはすぐに女性に気づかれ，そのまま逮捕されました。逮捕された後しばらくの間は盗撮の事実を否定していたことも影響し，14日間取り調べのために勾留されることが決定しました。しかし，盗撮した画像が杉山さんの携帯電話に残っていたこともあり，最終的には罪を認めました。

　杉山さんには国選弁護人が就き，被害者との示談交渉を行った結果，最終的に被害者との間で示談が成立し，被害届・告訴を取り下

げるという合意をしました。その結果もあり，杉山さんは勾留から13日目で不起訴となり釈放されました。杉山さんは釈放されたものの，盗撮して逮捕されたことが実名で報道されたので，周囲からの視線に耐えられないと考え，下短原市役所を退職しました。その後2年ほどの間は，友人の会社社長の許しを得て偽名でアルバイトをしながら生計を立てていましたが，その会社の中でも「電車で盗撮した元公務員ではないか」という噂が立ちはじめました。

杉山さんは友人の会社社長に迷惑をかけられないと思い，アルバイトを辞めて別の企業に就職しようと決意しました。その後，ある企業に就職できたものの，ほどなくして社長に呼ばれ，かつてのニュースが転載された匿名掲示板のコピーを見せられ，「これはあなたのことではないか」と尋ねられました。杉山さんは嘘はつけないと思って事情を説明し，不起訴になったことも説明しました。しかし社長からは，「社員に動揺が広がってしまうので，できれば退職届を出してくれ」といわれました。杉山さんは自分がしたことが原因だと諦め，退職しました。

その後，就職活動を経てある企業の内定を得たものの，ここでもネットで過去の記事を見たといわれて，内定が取り消されました。

杉山さんはこのままではどこにも働ける場がないと考え，ネット上に多数転載されている記事を何とか削除したいと考えています。

2　各事例の対応のポイント

まず，これらの事例の主人公が対応する際に，どのような点がポイントになるかを見てみましょう。

	要件① 同定可能性 があること	要件② 権利侵害性 があること	要件③ 違法性 阻却事由 がないこと	要件④ 炎上可能性 がないこと	具体的な 対応
事例1	○	○ プライバシー権	△ 横田さんにも 非がある	△	第3章, 第5章
事例2	○	○ 名誉権 プライバシー権 肖像権	○	○	第3章, 第4章
事例3	○	△ 名誉権	△	×	第5章
事例4	○	○ 名誉権	△ 吉澤さんにも 非がある	×	第5章
事例5	○	○ 名誉権	○	△	第4章
事例6	○	○ 名誉権	○	○	第3章, 第4章
事例7	△	○ 名誉権	○	○	第3章
事例8	△	○ 名誉権 プライバシー権	○	○	第3章, 第4章
事例9	○ 不正競争防止法	△ 不正競争防止法	○	△	第5章
事例10	○ プライバシー権 更生の利益	○ プライバシー権 更生の利益	△	△	第3章

資料1-2-1　各事例の対応可能性

　要件①の同定可能性とは，書込みや画像・動画が自分のことを対象にしているのかが，その書込みから理解できるかどうかということです。これがないと，対応が難しくなります。

　要件②の権利侵害性とは，ネット上のトラブルへの法的な対応には自分の権利が侵害されているといえることが必要になるため，その侵害があるといえるかどうかということです。

要件③の違法性阻却事由とは，権利侵害性が一応あるといえる場合であっても，例外的に権利侵害が「ない」といえる場合には法的な対応ができなくなるため，そのような事由があるかどうかを検討する必要があるということです。

　要件④の炎上可能性とは，法的対応ができるかどうかの判断には関係しませんが，対応することによっていわゆる「炎上」が発生してしまい，対応が逆効果になるかどうかを検討する必要があるということです。

3 ｜ 削除と逆ＳＥＯ

　では，これらの事例の状況に陥った際に，どのようなことができうるでしょうか。

（1）　書込みの削除

　ネット上で誹謗中傷された，プライバシーを侵害されたということは，今や日常的に行われかねない状況にあります。誰が書込みや画像・動画を投稿したのかということがわかれば，その人に直接削除を依頼することで解決できる場合もあるかもしれません。

　ただ，誰が書込みなどをしているのかが，多くの場合わかりにくいのがネットの世界です。その場合は諦めるしかないのでしょうか。

　結論的には，必ずしもそういうわけではありません。削除できる場合もあります。そこで，**第6章**では，書込みを削除する方法をサイト別に紹介します。

（2）　検索エンジンからの削除

　ネットで何かを調べるとき，ほとんどは「Yahoo!」や「Google」といった検索エンジンの検索窓にキーワードを入力すると思います。この逆

で，もし自分にとって嫌な書込みをされたサイトが検索結果として表示される場合，その結果が表示されないようにできれば，見られたくないサイトにたどり着きにくくなります。そこで，検索エンジンに検索結果からの削除を依頼できないでしょうか。

結論をいうと，この依頼は認められる場合もあるのですが，認めてもらうことはそう簡単ではありませんし，時間がかかることも少なくありません。そのため，書込みがされている個別のサイトを対象に，削除依頼をした方が早く，しかも根本的な解決につながるので，これが対応の基本になります。検索エンジンからの削除依頼については，**第6章9④**で解説します。

（3） 逆SEOによる対応

SEO（Search Engine Optimization）とは，検索エンジン最適化と訳され，一般的には検索結果のページの表示順の上位に自分のサイトが表示されるように工夫することを指す言葉です。たとえば，「A社」と検索したときに，検索結果の表示順に，1番目にB社が作ったA社に関するサイトが表示され，2番目にA社自身のサイトが表示されている状態のとき，A社自身のサイトが1番目に表示されるように工夫することです。

検索結果を100％思い通りにすることはできませんが，サイトの内容やリンクの充実や，更新頻度を高めるといった工夫によって，検索エンジン側から「これは有意義なサイトだから，上位に表示させよう」と判断してもらうことは，ある程度できます。

「逆」SEOというのは，このようなSEOの手法で，ネガティブなサイトを検索の下位に表示させることです。とはいえ，ネガティブな内容のサイトに何か直接的な働きかけができるわけではありません。仮にそのサイトを改変すれば，不正アクセスをしたとして，不正アクセス禁止法違反になります。そこで，逆SEOでは，他の好意的なことが書いてあるサイトやネガティブなことが書かれていないサイトを検索結果の上位に表

示されるようにすることで，相対的にネガティブなことが書いてあるサイトを下位に表示されるようにします。具体的には，新たにブログを作ったり，自分に関する記事が他に積極的に発信されたりするような方法を取ります。

　また，このようなことをサービスとして提供する業者もあります。ただし業者によっては，実際には何もしていないにもかかわらず費用だけ請求する，といった悪質なところもあるようですので，業者に頼む際には見極めが重要です。ポイントとしては，まずその業者の社名やサービス名を調べて，検索の上位にヒットするかどうかを１つの基準にするとよいです。逆 SEO ができるということは，SEO の技術がしっかりしているということであり，せめて自社に関するサイトは上位に表示できていて当然だからです。他には，どのような対応を取るのかをすぐに回答してもらえるかどうかを目安にしてもよいでしょう。

（４）　風評被害対策業者への依頼

　風評被害，ネット上の中傷被害への対応を行っている業者も一定数存在しています。多くは，誹謗中傷対策として逆 SEO を行ったり，ネット監視サービスなどを提供したりしています。ネット監視サービスとは，ネット上でネガティブな書込みがないかを監視してくれるものです。対応は早ければ早い方がよいですし，そうすることで被害が少なくなることも多いです。そのため，このようなサービスの利用も１つの方法です。

　ただ業者によっては，「ネガティブなサイトを削除する」，「書込みした人物を特定する」と掲げている場合もあります。このような業者は，結論からいえば，「非弁行為」という違法行為を行っている疑いがあるため，依頼すべきではありません。

　弁護士法72条では，弁護士または弁護士法人以外の者が，報酬を得る目的で法律事務の取扱いをすることを禁じています。これに違反すると，非弁行為として違法行為となり，２年以下の懲役または300万円以

下の罰金が科せられます。削除依頼や開示請求をするためには，2の通り，自分の権利が侵害されたという権利侵害性が必要になりますが，業者は自分の権利が侵害されているわけではありません。削除依頼や開示請求を行おうとする業者は，顧客の権利侵害を主張していくことになりますが，そのような行為はまさに非弁行為です。

　また，「削除や特定を代行」しており，弁護士のように「代理」しているのではないという言い方をする業者もいますが，非弁行為に当たるかは実際の状況を踏まえて判断されるため，業者が実質的に顧客の代わりに対応すれば（顧客の名前を使って本人のふりをして削除依頼をしたり，顧客と派遣契約を締結して顧客の従業員という体裁を取ったりして対応するなどの例もあります），やはり非弁行為になります。なお，「〇〇相談センター」のような公的機関のふりやNPOなどの形態を取っている例もありますが，いずれも違法です。

　一部，技術的に削除できるものもありますし，逆SEOで見えにくくなることを「削除」と呼ぶ業者もあるので，一概にはいえませんが，依頼をする際には，どのような対応をするのかを確認すべきです。

　なお，行政書士や司法書士も削除依頼や開示請求を請け負う広告を出している例がありますが，同様に弁護士法に違反しています。

第 2 章

削除依頼や開示請求の根拠

1 書込みを消す
「削除依頼」とは何か

（1） ネット上の情報に対する意識の変化

　一昔前までは，「ネットに書かれたことは消せない，無視するしかない」といわれることが多くありました。また，「ネットに書かれたことが不快なら見なければよい」，「誰も信用しないから無視しておけばよい」といわれることもありました。

　しかし，これらは正しくありません。

　まず，ネットの書込みは，適切な手順を踏めば削除できる可能性があります。もちろんすべてではありませんが，誹謗中傷されたものをただ我慢しなければいけないことはないのです。

　次に，ネットに書かれたことは信用しない，という考えは少なくなりました。たとえば，新規の取引先候補が現れた場合に，ネットで企業情報や相手の担当者の名前を検索することは，日常的に行われています。そのため，ネットから得た情報といえども，「いちおう確からしい」情報だと考えられるようになっています。仮に，何かしらのネガティブな情報があると，それが本当かどうかはさておき，少なくとも「そのようなネガティブな噂がある」企業や人だと捉えられてしまいます。

　ネットが社会的インフラの1つとして利用されている現在，そこにネガティブな情報があることは，社会的な不利益を受ける可能性に直結しかねないのです。

（2）　どうすればネット上の情報を削除できるのか

　では，削除をするにはどのような方法があるのでしょうか。

　ネガティブな情報を書き込んだ人に削除を求めても，その人が素直に削除に応じてくれるとは思えませんし，そもそも誰が書き込んだのかわからないことも多くあります。ネットには「匿名性」があるといわれますが，まさにこの相手を特定しにくい状況を指します。

　ですが，書き込んだ人がわからなくても削除ができる可能性はあります。サイト管理者やサーバ会社（ホスティング・プロバイダ）などに削除を求める方法です。この手続は，プロバイダ責任制限法のガイドラインに定められている手続で，「送信防止措置依頼」と呼ばれます。他には，人格権（名誉権やプライバシー権など）や著作権などを理由に，裁判を通じて削除を依頼する方法もあります。詳しくは，**第3章**で説明します。

2 ｜ 書 込 み し た 人 物 を 特 定 す る 「 開 示 請 求 」 と は 何 か

　先述のように，ネットには「匿名性」があるといわれますが，ネット上に殺人予告を書き込んで犯人が逮捕されたとか，著名人を侮辱したとして逮捕されたというニュースを見かけると思います。本当に匿名ならば逮捕できないので，ここからもネットが匿名であることは間違いだとわかります。「警察だから犯人が見つけられる」と考える人もいるかもしれませんが，ネットの書込みの犯人を見つけることは，警察以外ができないわけではありませんし，むしろ警察では犯人を見つけることが難しい事案が増加しています。警察以外の者は，プロバイダ責任制限法を活用することで，犯人を見つけられる可能性があります。

　プロバイダ責任制限法5条1項は，「発信者情報開示請求」という権利を定めています。発信者というのは，たとえば，殺人予告を書き込んだ人を指し，その人に関する情報の開示を求めることです。この請求を

することで，すべてではありませんが，犯人を見つけられる余地が誰にでも生まれるのです。詳しくは，**第4章**で説明します。

3 ｜ 同定可能性とは何か

　削除依頼や開示請求をするためには，自分の権利が侵害されていることが必要です。これには，他人の権利についての主張はできないという意味と，自分に関することだと他人から理解できる必要がある（同定可能性がある）という2つの意味を含みます。

　前者は，たとえば，友人が誹謗中傷されているから，自分が友人の代わりに削除依頼をする，ということはできないということです。自分の権利を守れるのは，原則として自分だけです。後者の「自分に関すること」とは，「一般の閲覧者」の普通の注意と閲覧の仕方をした場合に理解できるかどうかで判断します。

　ここで「一般の閲覧者」というと，その人を知らない第三者からすれば，有名人でない限り，誰の話題かがわからないため，同定可能性がないと判断されてしまうという懸念が生じるかもしれません。ですが，ここでの「一般の閲覧者」とは，その議論などに参加していたり前提としている事情を知っていたりする人，とされます。

　しばしば，「伏字にしているから問題ない」，「書込みに名前の記載もなく，その人を特定できる情報もないから大丈夫」ともいわれます。しかし，文脈や話の流れから誰のことかがわかれば，同定可能性があると判断できます。同様に，ペンネーム，ビジネスネーム，源氏名などであっても，「その人」だと認識できれば，同定可能性があると判断できます。

　他方，これらがわからない場合，たとえば，オンラインゲームでハンドルネームを使っていて，ハンドルネームで中傷されたという場合には，同定可能性があるという判断は難しくなります。この場合，ハンド

ルネームを使っている本人は「自分のことだ」とわかりますが，オンラインゲームをしている他の人たちには，それが現実の誰を指しているのかわからないからです（例外的に，いわゆるオフ会などを開催しており，誰のことだかわかるという状況があれば，同定可能性が認められることもあります）。また近時は，VTuberやメタバース内のアバターに関して問題になることもあります。これも基本的に同じように考えられ，VTuberやアバターのハンドルネームが「中の人」と結びつく場合には同定可能性が認められることになります。VTuberについては，事務所に所属している場合は実世界の人間と繋がっているため同定可能だといえる場合も多いでしょうし，また声で活動する者であるともいえ，声をもって誰であるか同定できる場合もあるでしょう。

　このように，現実に存在する「○○さん」と結びつけられるかどうかがポイントです。

　この点に関して，「石に泳ぐ魚」事件の東京地裁平成11年6月22日判決（判時1691号91頁，判タ1014号280頁）は，「原告の属性の幾つかを知る者」にとっての同定可能性を問題としており，この事件の上告審である最高裁平成14年9月24日判決（判時1802号60頁，判タ1106号72頁）は，「原審の確定した事実関係によれば，…（中略）…被上告人の名誉，プライバシー，名誉感情が侵害されたものであって」と示して，原審の判断をそのまま維持しています。つまり，一般の閲覧者にとっては同定可能性がなくとも，原告の属性のいくつかを知る者にとって同定可能なら，指し示す内容によっては，権利侵害が認められる可能性があるとしています。

　これをインターネットに敷衍すれば，一般の閲覧者（＝話題に参加している人たち）にとって誰のことを指しているか認識することができるのなら，同定可能性があると判断できることになります。

　なお，この後の4 (2)の通り，名誉感情も権利侵害の1つといえますが，この場合は，厳密な意味で同定可能性は必要ではありません。名誉感情とは自身の内面の問題であり，第三者からどのように認識されるの

かということは必ずしも関係がないためです。しかし，自身と全く関係がない内容について「名誉感情を侵害された」と被害妄想的な訴えが認められるべきではないので，少なくとも，自身が被害者であるという合理的な説明は必要です（なお，著者はこれを，「対象者性」と表現しています）。

4 権利の内容

（1）名誉権

　名誉というと，「有名人でない限り，名誉などは存在しない」と思う人もいるかもしれませんが，そうではありません。

　名誉とは，人の品性，徳行，名声，信用などの人格的価値について社会から受ける客観的評価を指します。つまり，周囲からどのように見られるのか，評価されているのかが「名誉」となります。そして端的にいえば，「社会的評価の低下」が名誉権の侵害です。

　名誉権は企業などの法人にも認められています。法人も社会の中で活動する存在ですので，社会的評価の対象になるからです。

　では，社会的評価の低下があれば，どのようなものでも名誉権の侵害になるのでしょうか。たとえば，ある人物が「犯罪をした」という書込みがあった場合に，全くの事実無根であれば，それは単なる誹謗中傷であり，名誉権の侵害といえます。ですが本当に罪を犯していたら，その情報は社会的に有用なものといえます。後者を名誉権の侵害とすると，事実が伝わりません。このように一定の事項（これを，「違法性阻却事由」といいます）を満たせば，名誉権の侵害が成立しない場合があり，具体的には，次のすべてを満たす必要があります。

　　①公共の利害に関する事実に関わること。

　　②もっぱら公益を図る目的であること。

　　③摘示された事実が真実であること。

また，③がないときでも，

　③'摘示された事実が真実であると信じるについて相当な理由があること（真実相当性）。

があれば，故意・過失が阻却されるとされています。

　さらに，「ある真実を基礎としての意見ないし論評の表明による名誉毀損にあっては，その行為が公共の利害に関する事実に係り，かつ，その目的が専ら公益を図ることにあった場合に，右意見ないし論評の前提としている事実が重要な部分について真実であることの証明があったときには，人身攻撃に及ぶなど意見ないし論評としての域を逸脱したものでない限り，右行為は違法性を欠く」（最高裁平成9年9月9日判決（判時1618号52頁，判タ955号115頁））とされています。

　したがって，意見・論評による名誉権侵害については，

　③"意見・論評の前提としている事実が重要な部分について真実であること。

　④人身攻撃に及ぶなど意見・論評としての域を逸脱したものでないこと。

が違法性阻却の要件となります。

　ところで，ここで突然，「意見・論評」という表現が出てきましたが，名誉権の侵害には，事実摘示型と意見論評型という2つの類型があります。前者は，**事例8**で「山崎佑三さんは川本亜希枝さんと社内不倫をしていて，みんな知っているけど本人たちは隠しているつもりらしい」などと書き込まれたような場合で，後者は，「山崎佑三さんの川本亜希枝さんに接する態度が許せない。いやらしい」などと書き込まれたような場合です。前者は，社内不倫をしている事実を指摘している（事実の摘示）といえますが，後者はそれを受けての感想（意見の論評）です。

　両者は，「証拠等をもってその存否を決することが可能な他人に関する特定の事項」を主張しているかどうかという基準で区別するとされます（最高裁平成10年1月30日判決（判時1631号68頁，判タ967号120頁））。そして，

前後の文脈や3で解説した「一般の閲覧者」が有していた知識・経験などを考慮し、誇張・強調、比喩的表現、伝聞内容の紹介を、推論の形式を取るなどしつつ、間接的・えん曲的にでも証拠などをもってその存否を決することができれば、事実を摘示しているとされます（最高裁平成9年9月9日判決（判時1618号52頁、判タ955号115頁））。たとえば、世間一般に大量殺人犯であると認識されている人物に関して、その人物と相当親しく交際していた人による「あいつは極悪人、死刑になるね」という言葉が記事にされた場合、その人物が実際に大量殺人を犯したと断定した事実を摘示するものといえます。

両者の区別は、それぞれ違法性阻却事由の要件が異なるので、違法性阻却事由を満たすかどうかを検討するために必要になります。

（2）　名誉感情

名誉感情とは、自分が自分の価値について有している意識や感情のことで、プライド、自尊心といったものです。

プライドや自尊心が傷つけられることはしばしば起きますが、すべてを違法だとしているときりがありません。また、人の性格はそれぞれ違うため、非常に傲慢な人ととても謙虚な人とで、同じことをいわれても、一方は名誉感情の侵害だと判断され、他方はそのように判断されないのは不公平です。傲慢なほど、名誉感情の侵害を主張しやすくなるのもおかしいです。

そこで、名誉感情は法的に保護される必要があるとされつつも、保護される場合はある程度限定されることが求められます。このようなことから、「社会通念上許される限度を超える侮辱行為であると認められる場合」（最高裁平成22年4月13日判決（判タ1326号121頁、判時2082号59頁））、名誉感情の侵害が成立するとされています。たとえば、「バカ」という書込みを延々と繰り返すような場合です。

ところで、名誉感情は、名誉権と同じように法人にも認められるで

しょうか。これが認められるべきという考え方がないわけではないのですが，法人はあくまで組織・団体であって，それ自体に感情があるわけではないため，法人に名誉感情は認められないのが一般的です。

　なお，刑法には侮辱罪という罪がありますが，言葉のニュアンスから名誉感情を保護しているものと認識されている様子があります。しかし，侮辱罪が保護するのは，外部的名誉，すなわち社会的評価であり保護法益は名誉毀損罪と同様で，侮辱罪と名誉毀損罪の違いは，公然と事実を摘示するか否かという点にあります。したがって，名誉感情が侵害されたからといって，侮辱罪が成立するわけではないことには注意が必要です。

（3）　プライバシー権

　プライバシーに関して，最高裁は，プライバシーが法的保護に値するものであることを認めながら，どのような情報であれば法的保護に値するものであるのかという点について明確にしておらず，プライバシーについて定義をしていません。

　これは，侵害であると感じられる内容が，その時代に応じて変化していることが理由ではないかと想像されます。たとえば，氏名や住所といった個人情報についても，「自己が欲しない他者にはこれを開示されたくないと考えることが，むしろ社会通念にまで高まっている」（東京高裁平成14年1月16日判決（早稲田大学江沢民主席講演会名簿提出事件・控訴審，判タ1083号295頁，判時1772号17頁））とされたものがあります。氏名や住所は，郵便物を届けるために使われるものでもあり，第三者が知り得る情報で，後述の「宴のあと」事件の考え方からすると，プライバシー権侵害とすることは難しいはずですが，これもプライバシーによる法的保護の対象に当たるとされました。

　最高裁令和4年6月24日判決（逮捕歴ツイート削除請求事件，裁判所ウェブサイト）においては，草野耕一裁判官が補足意見で，「人が社会の中で有

効に自己実現を図っていくためには自己に関する情報の対外的流出をコントロールし得ることが不可欠であり，この点こそがプライバシーが保護されるべき利益であることの中核的理由の一つと考えられる」とし，自己情報コントロール権的な考え方に言及しています。

　プライバシーとして保護される範囲は時代とともに広がっているといえますが，すべてをプライバシーの侵害としてしまうと，他人に対する批評もできなくなります。そのため，プライバシー侵害か否かは利益衡量をもって判断することが必要になります。

　どのような利益衡量をするかについては，複数の最高裁判例が示されており（最高裁平成15年3月14日判決（長良川リンチ事件，判タ1126号97頁，判時1825号63頁），最高裁平成29年1月31日決定（Google検索結果削除請求事件，判タ1434号48頁，判時2328号10頁），最高裁令和2年10月9日判決（家裁調査官論文公表事件，判タ1486号15頁，判時2495号30頁），最高裁令和4年6月24日判決（逮捕歴ツイート削除請求事件，裁判所ウェブサイト）），事案によって若干の違いはありますが，おおむね以下の考慮要素を示して，事実を公表されない法的利益がこれを公表する理由に優越するか否かによって判断すべきであるとされています。

　　①事実の性質および内容
　　②プライバシーに属する事実が伝達される範囲とその者が被る具体
　　　的被害の程度
　　③その者の社会的地位や影響力
　　④記事等の目的や意義
　　⑤記事等が掲載された時の社会的状況とその後の変化
　　⑥当該事実を記載する必要性

　なお，一般的に，リーディングケースとして，いわゆる「宴のあと」事件（東京地裁昭和39年9月28日判決（判時385号12頁，判タ165号184頁））が挙げられることが多く，この裁判例では，プライバシーとして保護されるためには，次の各要件を満たすことが必要であるとされています。

①私生活上の事実，または事実らしく受け取られるおそれがある事柄であること。

②一般人の感受性を基準に公開を欲しない事柄であること。

③一般にいまだ知られていない事柄であること。

しかし，この裁判例はあくまでも地裁判決であること，インターネットが存在していない時代のもので，③の非公知性の要件について時代に即していないといえます。そのため，最高裁の規範がある以上，基本的にはそちらの基準に基づいて主張するのがよいだろうと思います。

ところで，会社などの法人にもプライバシー権が認められるかという問題もありますが，否定的な見方が一般的です。法人にも公表されたくない事柄はありますが，名誉権や知的財産権，不正競争防止法などの問題にするべきと考えられています。

（4） 肖像権

肖像権とは，みだりに他人から写真を撮影されたり，それを公表されたりしないよう，誰に対しても主張できる権利のことです（最高裁昭和44年12月24日判決（京都府学連事件，判タ242号119頁，判時577号119頁）参照）。そして，肖像権には，次の3つが含まれていると考えられています。

①みだりに撮影されない権利（撮影の拒絶）。

②撮影された写真等をみだりに公表されない権利（公表の拒絶）。

③肖像の利用に対する本人の財産的利益を保護する権利（パブリシティ権）。

③のパブリシティ権は，有名人のグッズ販売などを対象とし，もっぱら経済的な権利といえ，人格権ではないと一般的に考えられています。

肖像権とプライバシー権は似た要素を持ちます。ただ，写真を撮られた場合を考えると，プライバシー権では公開されないと侵害がないとされるのに対し，肖像権では撮影の拒絶という内容が含まれるため，肖像権の侵害が成立する可能性があります。ただ実際に問題になるのは，

ネットで写真が公開された場合なので，公表の拒絶が問題になり，プライバシー権と重複する部分も多いだろうと思われます。

肖像権侵害といえるかどうかについては，最高裁平成17年11月10日判決（法廷内撮影訴訟，判タ1203号74頁，判時1925号84頁）は，「被撮影者の社会的地位，撮影された被撮影者の活動内容，撮影の場所，撮影の目的，撮影の態様，撮影の必要性等を総合考慮して，被撮影者の上記人格的利益の侵害が社会生活上受忍の限度を超えるものといえるかどうかを判断して決すべきである」として，利益衡量の上で決めるとしています。

ところで，肖像権は，写真だけではなくイラストについても及ぶ余地があり，上記最高裁は，「人は，自己の容ぼう等を描写したイラスト画についても，これをみだりに公表されない人格的利益を有する」としています。もっとも，「写真は，カメラのレンズがとらえた被撮影者の容ぼう等を化学的方法等により再現したものであり，それが公表された場合は，被撮影者の容ぼう等をありのままに示したものであることを前提とした受け取り方をされる」のに対し，「人の容ぼう等を描写したイラスト画は，その描写に作者の主観や技術が反映するものであり，それが公表された場合も，作者の主観や技術を反映したものであることを前提とした受け取り方をされる」ため，社会生活上受忍の限度を超えるか否かの判断にあたっては，写真とは異なるイラスト画の特質が参酌されなければならないとされています。

（5）　氏名権・アイデンティティ権

氏名権とは，他人からその氏名を正確に呼ばれることや，氏名を他人に無断使用されない権利のことです。最高裁昭和63年2月16日判決（判時1266号9頁，判タ662号75頁）は，「氏名は，社会的にみれば，個人を他人から識別し特定する機能を有するものであるが，同時に，その個人からみれば，人が個人として尊重される基礎であり，その個人の人格の象徴であって，人格権の一内容を構成する」として，いわゆる氏名権を法的権

利として認めています。

　ただし，氏名を無断使用するというのは，他人が自分の氏名を無断で，自分のものとして使用する場合を指すのであり，「他人から言及されない権利」ではないということに留意する必要があります。つまり，他人から氏名を明示されて何かいわれたとしても，氏名権侵害にはならないのです。侵害となる典型的ケースとしては，いわゆる「なりすまし」の事案が挙げられます。そして，これに関連して，氏名が人格の象徴であるという点から，「氏名でなく通称であっても，その個人の人格の象徴と認められる場合には，人は，これを他人に冒用されない権利を有し，これを違法に侵害された者は，加害者に対し，損害賠償を求めることができる」（東京高裁平成30年6月13日判決（2018WLJPCA06136006））という判断も出ています。

　他方，氏名を正確に呼ばれることについては，言い間違いや読み間違いなどが日常の中でありえることから考えると，正確に呼ばれなかったということだけで違法だとすることはできません。その意味で，強く保護される利益とはいえないため，個人の明確な意思に反してわざわざ不正確な呼び方をしたか，または悪意があって不正確な呼び方をしたなどの特別な事情がない限り，違法性のない行為として認められるとされています。

　なお，氏名の無断使用に関して，人格の同一性を保持する利益である，アイデンティティ権を認める例もあります（大阪地裁平成28年2月8日判決（判時2313号73頁），大阪地裁平成29年8月30日判決（判タ1445号202頁，判時2364号58頁））。人格を大切にするためには，自分自身による自己認識という意味でのアイデンティティのみならず，「他者から見た自分」，「他者に認識される自分」について，そのアイデンティティを保持することも不可欠であるためです。

　ただし，現時点では，この権利ないし利益が全面的に認められているわけではなく，今後の裁判例の蓄積が待たれます。

（6） 更生を妨げられない利益（更生の利益）

　最高裁平成 6 年 2 月 8 日判決（ノンフィクション「逆転」事件）（判タ933号90頁，判時1594号56頁）は，「ある者が刑事事件につき被疑者とされ，さらには被告人として公訴を提起されて判決を受け，とりわけ有罪判決を受け，服役したという事実は，その者の名誉あるいは信用に直接にかかわる事項であるから，その者は，みだりに右の前科等にかかわる事実を公表されないことにつき，法的保護に値する利益を有するものというべきである。……そして，その者が有罪判決を受けた後あるいは服役を終えた後においては，一市民として社会に復帰することが期待されるのであるから，その者は，前科等にかかわる事実の公表によって，新しく形成している社会生活の平穏を害されその更生を妨げられない利益を有する」として，更生を妨げられない利益（更生の利益）を認めています。

　この判例は，更生を妨げられない利益を侵害された場合には損害賠償請求ができるという判断をしたもので，削除請求等を認めているものではありません。しかし，更生して平穏に生活するということは，まさに人格的な生存に関わるものであるため，更生を妨げられない利益は人格権の一内容をなすものであると考えられます。

　日常的に逮捕報道などはされていますが，ニュースサイトなどは一定期間が経過すれば削除されていきます。しかし，報道をコピーして掲示板やブログ，SNSに掲載している例は少なからずあり，このようなものはインターネット上で掲載され続けることになります。このような情報がどんなに時間が経過しても残り続けるとすれば，逮捕等された人にとっては，偏見や，仕事を失うなどのリスクに晒され続けることになります。

　したがって，更生を妨げられない利益に基づいて，逮捕報道等を削除できる余地があります。もっとも，最高裁は逮捕報道等については，プライバシーに関するものと整理しています。すなわち，最高裁昭和56年4月14日判決（前科照会事件，判タ442号55頁，判時1001号 3 頁）は「前科等の

ある者もこれをみだりに公開されないという法律上の保護に値する利益を有する」とし，補足意見で伊藤正己裁判官は，「他人に知られたくない個人の情報は，それがたとえ真実に合致するものであつても，その者のプライバシーとして法律上の保護を受け，これをみだりに公開することは許されず，違法に他人のプライバシーを侵害することは不法行為を構成する」と言及しています。また，プライバシー権のところで挙げた各最高裁の判断は，いずれも逮捕報道等に関するものです。

そのため，更生を妨げられない利益は，これを直接的に主張するというよりも，このような利益があるということを，プライバシー侵害か否かの考慮要素として指摘していくのがよいのではないかと思います。

（7）（死者に対する）敬愛追慕の情

刑法では，死者の名誉毀損を認めており（刑法230条2項），民事上でも死者について一定の配慮がされている例もありますが，権利の主体になり得るのは，原則として「人」です。「人」とは生きている人のことを指し，死者はこれに含まれません。そして，故人の名誉を毀損するような内容が流布されたとして，故人は死亡している以上，当然ですが，権利を行使することはできません。

したがって，故人の名誉を回復したいと考える場合，遺族が死者に対して有している「敬愛追慕の情」に基づいて請求する必要があります。敬愛追慕の情も「一種の人格的法益としてこれを保護すべきもの」とされていますが（東京高裁昭和54年3月14日判決（判タ387号63頁，判時918号21頁）），同判決において「死の直後に最も強く，その後時の経過とともに軽減して行くものであることも一般に認めうるところであり，他面死者に関する事実も時の経過とともにいわば歴史的事実へと移行して行くものということができるので，年月を経るに従い，歴史的事実探求の自由あるいは表現の自由への配慮が優位に立つに至ると考えるべき」と指摘されるとおり，それほど強い法的利益であるとはいえないという点には注意が

必要です。

（8）　個人情報保護法に基づく訂正等請求権

　個人情報保護法34条1項は，個人情報取扱事業者が保有する個人データのうち，本人が識別される保有個人データの内容が事実と異なるときは，そのデータの内容の訂正・追加・削除（以下，「訂正等」といいます）を請求できるとしています。

　ただしこの条文では，「保有個人データの内容が事実でないとき」は，訂正等の請求ができるとしており，「評価」は対象になりません。したがって，事実無根の内容が掲載されたり，記録されていたりするという場合に，訂正等の請求ができることになります。

　また，請求ができるのは「保有個人データ」についてです。個人データとは，個人情報データベース等を構成する個人情報であり，個人情報データベース等とは，個人情報を体系的に構成したものです（個人情報保護法2条4項，16条1項）。したがって，単に掲示板やブログなどに事実無根の内容が掲載されているというだけでは，その訂正等を請求することはできず，これを根拠に訂正等を請求できる事例は限られるでしょう。

　なお，検索エンジンは，あるキーワードに対して一定の法則に従って検索結果を表示するサービスを提供しているため，検索する内容によっては，その検索結果は個人情報を体系的に構成したものに当たる場合があるといえることになるはずです。しかし，立法者の見解によると，検索エンジンはそもそも個人情報取扱事業者に含まれないとされます。これは，検索エンジンは個人情報であるかどうかとは無関係に，利用者が検索しようとする様々なキーワードを手掛かりとして，キーワードと文字列を含むホームページに関する情報を提供するものとなっているため，「特定の個人情報を検索することができるように体系的に構成したもの」とはいえないことから，「個人情報データベース等」に該当しないことが理由にされています。

（9） 営業権・業務遂行権

　営業権には明確な定義はありませんが，一般的には事業を継続的に行う上で認められる利益であるといえます。

　営業権の侵害を理由に不法行為は認められうる一方で，現在の裁判実務においては，営業権に基づく差止（削除）請求権は否定されています。削除依頼が認められるためには，人格権の侵害などが必要であるところ，営業権はもっぱら経済的利益についての侵害であるからです。

　ただし，東京高裁平成20年7月1日決定（判タ1280号329頁）では，「業務遂行権に基づく差止請求権」が認められています。業務遂行権は，「法人の財産権」と「法人の業務に従事する者の人格権を内包する権利」であるとされています。

（10） 忘れられる権利

　忘れられる権利とは，「EUデータ保護規則案」17条に盛り込まれた「right to be forgotten」の訳語として定着したものであり，「個人が，個人情報などを収集した企業等にその消去を求めることができる権利」のことです。EUデータ保護規則案は，最終的にEUデータ保護規則（GDPR）として発効し，17条は「Right to erasure（'right to be forgotten'）」として確定しました。

　日本では，さいたま地裁平成27年6月25日決定に対する保全異議事件（同地裁平成27年12月22日認可決定（判時2282号78頁））において，「社会から『忘れられる権利』を有するというべきである」とする判断があります。これは，日本の裁判上初めて「忘れられる権利」という概念に言及したものです。ただし，この認可決定に対する保全抗告事件では，「名誉権ないしプライバシー権に基づく差止請求権と異ならない」と判断され，忘れられる権利は否定されています（東京高裁平成28年7月12日決定（判タ1429号112頁，判時2318号24頁））。

　その後も，少なくとも2022年9月時点までに，忘れられる権利を認め

たものはなく，忘れられる権利に基づく請求は認められないと考えてよいでしょう。もっとも，ここで誤解してはいけないのは，日本法のもとでは，人格権に基づく妨害排除請求権としての削除請求権が構成できるため，忘れられる権利に類似した法的効果を得ることは可能だということです。そのため，あえて「忘れられる権利」という概念を持ち込む必要はないともいえます。

(11) 著作権・著作者人格権

　著作権と著作者人格権は，著作権法で認められた著作物に関する権利です。

　著作物とは，思想または感情を創作的に表現したものであって，文芸，学術，美術または音楽の範囲に属するものです（著作権法 2 条 1 項 1 号）。著作権は，その表現を作り出したときに自動的に発生するとされており，登録などしなくても成立します。

　著作権には，複製権（著作権法21条），上演権・演奏権（同22条），上映権（同22条の 2），公衆送信権等（同23条），口述権（同24条），展示権（同25条），頒布権（同26条），譲渡権（同26条の 2），貸与権（同26条の 3），翻訳権・翻案権等（同27条）が，それぞれ認められています。また，著作者人格権には，その権利の具体的内容として，公表権（同18条 1 項），氏名表示権（同19条 1 項），同一性保持権（同20条 1 項）の 3 つが，それぞれ認められています。

　しばしば問題になるのは他人の著作物を勝手に利用しているというケースで，これをネット上で行うと著作財産権のうちの公衆送信権という権利を侵害することになります。

　ただ，「私的使用」（著作権法30条）の場合や「引用」（同32条）の場合には，著作権の侵害とはなりません。

　「私的使用」とは，「個人的に又は家庭内その他これに準ずる限られた範囲内において使用すること」とされており，個人的に使うために著作物をコピーしても著作権の侵害にはなりません。そうすると，「インター

ネットに書き込んだり音楽や動画を公開したりするときに，他人の著作物を使っても，私的な使用だから著作権侵害にはならない」と誤解するかもしれません。ですが，ネットには端末があれば世界中からアクセスできるので，「個人的に又は家庭内その他これに準ずる限られた範囲内」であるとはいえません。ネットに公開することは「公衆送信」の１つに当たります。ネットに公開する以上，「私的使用である」とはいえないのです。

「引用」は，一般的には次の３つを満たすときに許されています。

　①公表された著作物であること。

　②公正な慣行に合致すること。

　③目的が正当な範囲内にあること。

公正な慣行とは何かが問題となりますが，裁判実務では，引用された部分が明確であること（明瞭区別性），引用する側が「主」で，引用される側が「従」といえる関係にあること（主従関係性）の２点が重視されています。

ネットのコンテンツでは，「引用しているだけ」という言い訳がされることもありますが，この引用の要件を満たしていない例もしばしば確認できます。

(12) 商標権

商標権とは，商標の登録を受けることで，指定された商品またはサービスについて独占的に使用できる権利のことです。商標権は著作権と異なり，特許庁に登録することによって初めて権利となります。

しばしば，「私の会社が提供するサービスが批判されています。批判にはもっともな部分もありますが，この批判があると営業上問題です。このサービスは商標も取っているので，勝手に弊社のサービス名を使っていることを理由に，商標権の侵害といえませんか」という相談を受けます。このような理由で商標権の侵害は成立するでしょうか。

商標権は登録の必要があるので，登録がなければ商標権がないことになります。この相談では，商標は登録されているようなので，この点はクリアしています。しかし，商標権は指定された商品またはサービスについて独占的に使用する権利であり，侵害と判断されるには自身の商品やサービスとして売るために使用していることが必要です（これを，「商標的使用」といいます）。そのため，批判のために商標を使われても，商標権の侵害にはなりません。商標権と名誉権を混同しないように気をつけましょう。

（13）　不正競争防止法

　不正競争防止法という法律は，不正な方法により事業を有利に進めようとする行為について罰則を定めて規制することで，事業者間の公正な競争を促すことを目的とする法律です。

　この法律は，規制する行為を「不正競争」として，その具体的な行為を類型化して定めています（不正競争防止法2条1項）。たとえば，他人の商号や商品と同一または類似するものを用いて両者の誤認混同を招くような行為や，営業秘密を侵害するような行為，営業・技術データを無断利用する行為などを定めています。

　まず，誤認混同という点についてしばしば相談を受けるのは，クチコミサイトなどで商号が勝手に使われて登録されているから，これを用いて削除できないかというものです。しかし，クチコミサイトではクチコミの対象を明示するために商号が用いられているだけであり，誤認混同を招こうとしているものではなく，また，実際に誤認混同がされるということもないでしょう。インターネットでの書込みに関して，誤認混同を招くケースはあまり想定ができないと思われますので，これを理由にして対応していくことは難しいといえます。

　次に，営業秘密については，たとえば，門外不出のノウハウなどがネットに流出したような場合に問題になります。2014年7月のベネッセ情報

流出事件では，システムエンジニアが持ち出した個人情報が営業秘密に当たるとして，不正競争防止法違反の罪に問われています。ただ，個人情報が直ちに「営業秘密」に当たるわけではないということには注意をする必要があります。

　営業秘密として保護されるには，次の3つを満たす必要があります（不正競争防止法2条6項）。

　　①秘密として管理されていること（秘密管理性）。

　　②事業活動に有用な技術上または営業上の情報であること（有用性）。

　　③公然と知られていないこと（非公知性）。

　そして，「営業秘密」に当たるとしても，保護されるためには，どのような形で侵害されたかを特定することが必要です。不正競争防止法ではいろいろな侵害類型が定められていますが，行為者が営業秘密に当たることを知っていたことや，不正な利益を得る目的，加害目的などが必要とされます。しかし，インターネット上の投稿については，誰が行ったものか不明であることが一般的であるため，どのような目的に基づいて行われたのかわからないことが通常です。そのため，「営業秘密」に当たるとして不正競争防止法の適用を求めることも，実際問題としてかなり難しいといえます。

　では，「営業秘密」として保護することはできないとすると，営業・技術データを無断利用された場合，全く保護されないのでしょうか。この点については，改正不正競争防止法が，「限定提供データ」について一定の保護を与えており，流通の差止め（削除）を求めることができるようになっています。

　「限定提供データ」とは，営業秘密を除いた，「業として特定の者に提供する情報として電磁的方法……により相当量蓄積され，及び管理されている技術上又は営業上の情報」を指します（不正競争防止法2条7項）。この「限定提供データ」として保護されるためには，以下の3つの要件を満たすことが必要です。

①業として特定の者に提供するものであること（限定提供性）。

②電磁的方法で蓄積され価値を有するものであること（相当蓄積性）。

③特定の者以外がアクセスできないよう制限があること（電磁的管理性）。

　社内だけのデータや，不特定の相手に提供しているデータは対象にならず，あくまでも外部に提供されたデータに限定されていること，蓄積されることで価値を持つことになるデータに限定されていることに注意が必要です。たとえば，自動車メーカーが保険会社に提供する走行データなどがこれに当たります。

　したがって，これに該当するようなものがインターネット上に流出してしまった場合には，その削除を求めることができるようになりましたが，単純に社内情報が流出してしまったというケースでは対応が難しいと考えた方がよいでしょう。

第**3**章
削除依頼の方法

1 │ 任 意 交 渉

（1） 削除依頼先の調査

　削除の方法として，書込みした本人への依頼ではなく，サイトの管理者やデータを管理するホスティングプロバイダに依頼するというやり方があります。では，どうすればその相手がわかるでしょうか。

　最初は，サイト内から削除依頼をする先を探すのが基本です。多くのサイトには，サイトの運営会社に関する記載があります。たとえば，サイトのトップページや一番下の部分などにある「会社概要」，「企業情報」，「運営会社」，「お問い合わせ」といったリンクをクリックすると，運営会社の名前や所在地などが書かれていることが多いです。誹謗中傷が書かれたページ内にはなくても，サイトのトップページに戻ると，こうした表示を見つけられることもあります。他にも，サイト名とともに「運営会社」などのワードで検索することで，運営会社が分かる場合もあるでしょう。

　しかし，最近はそのような表示がない，調べてもよくわからないサイトも増えてきました。そのような場合は，「WHOIS」というIPアドレスやドメイン名の登録者などに関する情報を誰でも参照できるサービスを利用する方法があります。住所から郵便番号を探すようなイメージです。

　たとえば，次のようなサイトがあります。

　①株式会社日本レジストリサービス（JPRS）

　　https://whois.jprs.jp/

　　＊jpドメイン以外の検索はできません。

② ASUKA.IO

　　https：//ja.asuka.io/whois

③アグスネット株式会社

　　https：//www.aguse.jp/

　なお，③の「aguse」は感覚的な利用がしやすいのではないかと思います。

　たとえば，著者の法律事務所のウェブサイト（https://alcien.jp/）を「aguse」で調べてみると，次のように表示されます。

■■ 資料 3-1-1 ｜「aguse」の画面例

▶引用元：https://www.aguse.jp/

　左の画像がドメインに関する情報です。ここからは，ドメインを登録したのが誰かがわかります。ただし，左の画像の通り，「Whois Privacy Protection Service」というサービスにより，登録者の住所などが隠されることもありますし（名前が隠されていることも多いです），ドメイン取得代行業者によって取得されているだけの場合もあり，サイトの管理者とは無関係な情報が表示されることもあります。そのため，ドメイン情報だけからはサイト管理者が誰なのかはわからない場合も少なくありません。

　そこで，右側を確認します。特に情報が表示されていないので「WHOIS

```
Found a referral to whois.apnic.net.

% [whois.apnic.net]
% Whois data copyright terms    http://www.apnic.net/db/dbcopyright.html

% Information related to '157.7.32.0 - 157.7.255.255'

% Abuse contact for '157.7.32.0 - 157.7.255.255' is 'hostmaster@nic.ad.jp'

inetnum:        157.7.32.0 - 157.7.255.255
netname:        interQ
descr:          GMO Internet, Inc.
descr:          SAINTcity,3-1-1,kyomachi,Kokurakita-ku,Kitakyushu-shi,Fukuoka,802-0002,Japan
admin-c:        JNIC1-AP
tech-c:         JNIC1-AP
remarks:        Email address for spam or abuse complaints : abuse@gmo.jp
country:        JP
mnt-by:         MAINT-JPNIC
mnt-lower:      MAINT-JPNIC
mnt-irt:        IRT-JPNIC-JP
status:         ALLOCATED PORTABLE
last-modified:  2022-01-13T06:22:02Z
source:         APNIC
```

▶引用元：https://www.aguse.jp/

で調べる」というボタンを押してみましょう。そうすると，IP アドレスからサーバ情報を調査した結果が表示されます。

　実際には，これよりも長い情報が表示されますが，スクロールすることで情報を見つけることができると思います。この情報から，「GMO Internet, lnc.」がサーバ会社 (ホスティングプロバイダ) であるということが判明します。その下には，住所も記載されています。

（2） オンラインフォーム，メールでの依頼

　サイトの中には，サイトにオンラインフォーム，メールフォームを準備していたり，クリックするとメールソフトが立ち上がるようになっていたりするものがあります。その場合，そこから削除依頼ができます。お金もかからずに，一瞬で相手に届くので，簡易・迅速な手段です。

　そこには，どのような内容を書けばよいでしょうか。基本的には，次のような事項の記載を求めるサイトが多いです。

　　・氏名

　　・連絡先（メールアドレス）

　　・削除したい対象（URL と問題と考える具体的な部分）

・なぜ削除してほしいかの説明

　まず，削除したい対象がわからなければ，削除の依頼を受けた側も削除のしようがありませんから，対象は明確に指定します。

　ある掲示板に誹謗中傷が書かれた場合を例に考えます。その誹謗中傷が書かれた掲示板の名前やトップページの URL を書くだけでは，掲示板の中のどこに書かれたのかわかりません。一般的に，掲示板では同時進行的に複数の話題が取り上げられています。その個別の話題は，話題ごとに分けられた「スレッド」と呼ばれる場所で議論されているので，その個別のスレッドの URL を指定しなくてはなりません。さらに，スレッドには，レスと呼ばれる返信が複数されているため，どれが問題なのかが一見するだけでは判断できないことも多いです。そのため，具体的にどのレスが問題なのかを指定する必要があります。

　次に，その書込みがなぜ自分の権利を侵害しているのかを説明します。具体的には，**第2章3**の同定可能性の説明，つまり，書かれていることがなぜ自分のことなのかがわかる理由や背景事情とともに，自分のどのような権利をなぜ侵害しているといえるのか，をまとめます。この説明のためにも，一般的には氏名を明記する必要がある場合が多いです。

　そして，自分に対する誹謗中傷であっても，事情を知らない人からすれば，何のことが書いてあるのかよくわからないというケースも多いです。たとえば，業界内でのみ通じる隠語が使われて誹謗中傷されていたり，縦読みなど特殊な読み方をさせたりする例もあります。そのため，「この位の内容はわかるだろう」という自分の基準ではなく，背景事情のほか，その書込みはどういう意味を持つのかを相手に可能な限りわかりやすく伝えた方が，削除に応じてくれやすいです。

　実際の書き方の例は，**第6章4 (2)**「みみずん検索」を参照してください。

　ここで，注意しなければならないことがあります。サイトを管理している人は，誹謗中傷などを書き込んでいる人とは別であることがほとん

どだ，ということです。

しばしば，「削除しなければ法的措置を取る」，「損害賠償を請求する」，「刑事告訴をする」などといった非常に強い表現で削除を求める人を見かけます。サイトの管理者といっても，投稿される内容をすべて見ているわけではないことがほとんどです（むしろ，サイトに投稿された内容を逐一確認している方が稀です）。そして，サイトの管理者といっても，民事上，サイトを常時監視する義務はないとされています。

見ず知らずの人から，自分が認識していないところでされた誹謗中傷について，突然強い表現で削除を要求されたら，どう感じるでしょうか。おそらく素直に応じられるものも応じたくなくなるでしょう。あくまで誹謗中傷の書込みをしている人が悪いのであって，サイトの管理者やサイト自体が悪いわけではありません。その点を意識して，丁寧な削除依頼を心がけましょう。

ただし，サイトの中には，削除依頼を全く無視するどころか，削除依頼があったことや，削除依頼の内容を公開するところもないわけではありません。せっかく問題の書込みを削除できても，削除依頼をする中で触れた内容が明らかにされてしまうケースもあります。こうしたサイトに安易に削除を依頼することは，非常に危険です。

では，どのサイトが削除依頼の内容を公開するかを調べるにはどうすればよいでしょうか。第1に，削除依頼の状況がわかるような書込みが残されていないかをサイト内で検索する方法があります。たとえば，掲示板だと「削除依頼スレッド」のようなものが作られていることもあります。第2に，サイトには削除ポリシーなどが掲載されていることがあるので，その説明を読むという方法もあります。こうしたところをチェックして，そのサイトがどのような対応をしているかを削除依頼の前に見極める必要があります。第3に，過去の書込みで削除依頼が公開されている例がないか，サイト内を探してみるという方法をとるとよいでしょう。

（3） プロバイダ責任制限法ガイドライン等検討協議会の書式による
削除依頼（送信防止措置依頼）

　情報通信に関わるインターネットサービスプロバイダ (ISP)，ケーブルテレビ会社，回線事業者，コンテンツプロバイダ，ホスティングプロバイダなどの幅広い事業者を会員としている一般社団法人テレコムサービス協会という組織があります。テレコムサービス協会は，「安全・安心なネットワーク社会の実現」を活動内容としており，その具体的な活動の1つとして，プロバイダ責任制限法の運用において，適切・迅速に対処できるようプロバイダ責任制限法関係のガイドラインの作成・公表を行っています。

　プロバイダ責任制限法のガイドラインでは，ネット上の権利侵害について削除を求める手続が説明されています。この手続を送信防止措置と呼びます。削除依頼を送信防止措置依頼というのは，インターネットでは，情報が公衆に送信され，受信されている状態であるため，その送信を阻止（防止）してしまえば，情報を受信できなくなる，という理由からです。そのため，送信防止措置が実質的に削除となるのです。

　では，具体的にどのように進めていけばよいのでしょうか。

① 削除依頼（送信防止措置依頼）の流れ

　通常，「侵害情報の通知書 兼 送信防止措置依頼書」（以下，「送信防止措置依頼書」といいます）という書類を作成し，サイトの管理者やホスティングプロバイダに郵送します。なお近時は，各サイトがウェブ上でこれを受け付けるような仕組みも増加しています。

　到着後，本当に本人からの依頼なのかを受け取った側が判断します。そのため，「送信防止措置依頼書」には実印を押すとともに，印鑑証明書（発行から3か月以内）や身分証の写しなどの同封が多くの場合求められるので，「送信防止措置依頼書」と一緒に送る必要があります。

　サイトの管理者やホスティングプロバイダがこの書類を受け取ると，書込みをした人物（発信者）に対して，その書込みの削除の可否を尋ねる

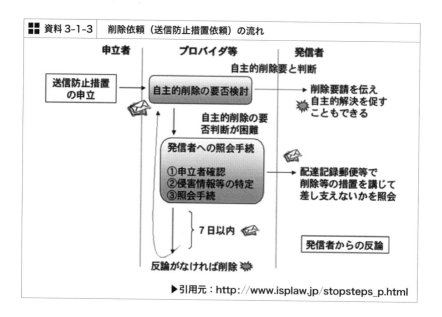

資料3-1-3　削除依頼（送信防止措置依頼）の流れ

▶引用元：http://www.isplaw.jp/stopsteps_p.html

　照会をします。この照会の期間は多くの場合7日間とされ，7日以内に反論がなければ書込みが削除されるという流れが一般的です。

　ただ，この照会をする義務があるわけではありません。そのため，発信者と連絡が取れない場合，照会手続を行う必要はないとされています。ブログなどでは，その使用を始める際にメールアドレスなどの登録が必要になるため，メールアドレス宛に照会手続が行われることが多いです。SNSの場合もメールアドレスの登録などをしているため，意見照会がされる例もあるようです。ただし，多くのSNSは海外事業者が運営しており，実際上，送信防止措置依頼書を送付できない例の方が多い印象があります。

　他方，掲示板などではログインや認証が必要ではなく，誰でも書き込める場合が多いため，照会しようにも発信者と連絡が取れない場合が多々あります。この場合は，照会手続を取らなくても，「権利が不当に侵害されていると信じるに足りる相当の理由」があれば削除するという対応がされています。

もし，発信者から削除に同意しないという回答や反論があった場合はどうなるのでしょうか。まず，削除に同意しないとしつつも特に理由の記載がない場合は，「権利が不当に侵害されていると信じるに足りる相当の理由」があるといえれば削除する，という扱いになっています。反論があった場合でも，たとえば「嘘のことを書いたが，ひどい人間なので批判されても当然だ」といった不合理な反論であれば，削除すべきだとされています。

② 削除依頼書（送信防止措置依頼書）の書き方

　次に，削除依頼書（送信防止措置依頼書）の書き方を説明します。

　ウェブフォームが準備されている例もありますが，入力する内容は基本的に同じですので，こちらを参照してください。

■■ 資料3-1-4	「侵害情報の通知書 兼 送信防止措置依頼書」

書式①-1　侵害情報の通知書兼送信防止措置依頼書（名誉毀損・プライバシー）

　　　　　　　　　　　　　　　　　　　　　　　　　年　　月　　日

至　［特定電気通信役務提供者の名称］御中

　　　　　　　　　　　［権利を侵害されたと主張する者］
　　　　　　　　　　　　　　住所
　　　　　　　　　　　　　　氏名　（記名）　　　　　　印
　　　　　　　　　　　　　　連絡先（電話番号）
　　　　　　　　　　　　　　　　　（e-mail アドレス）

　　　　　　　侵害情報の通知書　兼　送信防止措置依頼書
　あなたが管理する特定電気通信設備に掲載されている下記の情報の流通により私の権利が侵害されたので，あなたに対し当該情報の送信を防止する措置を講じるよう依頼します。

　　　　　　　　　　　　　　　　記

掲載されている場所	URL： その他情報の特定に必要な情報：(掲示板の名称、掲示板内の書き込み場所、日付、ファイル名等)
掲載されている情報	例) 私の実名、自宅の電話番号、及びメールアドレスを掲載した上で、「私と割りきったおつきあいをしませんか」という、あたかも私が不倫相手を募集しているかのように装った書き込みがされた。

| 侵害情報等 | 侵害されたとする権利 | 例）プライバシーの侵害、名誉毀損 |
| | 権利が侵害されたとする理由（被害の状況など） | 例）ネット上では、ハンドル名を用い、実名及び連絡先は非公開としているところ、私の意に反して公表され、交際の申込やいやがらせ、からかいの迷惑電話や迷惑メールを約○○件も受け、精神的苦痛を被った。 |

上記太枠内に記載された内容は、事実に相違なく、あなたから発信者にそのまま通知されることになることに同意いたします。

| | 発信者へ氏名を開示して差し支えない場合は、左欄に○を記入してください。○印のない場合、氏名開示には同意していないものとします。 |

▶引用元：http://www.isplaw.jp/p_form.pdf

　まず，左上の「［特定電気通信役務提供者の名称］」には，削除を依頼する相手の名前を記載します。削除するには，削除の権限があることが必要ですので，この依頼先とは，問題の書込みなどについて削除の権限を有している先のことを指します。具体的には，サイトの管理者やホスティングプロバイダの名前です（ドメイン登録者がサイト管理者でない場合，ドメイン登録者は相手方になりません）。

　次に，「［権利を侵害されたと主張する者］」には，自分の住所，氏名等を書きます。企業であれば，氏名のところには企業名を書くことになり，連絡先としては実際の対応をしている人物の名前を書くとともに，電話番号，メールアドレスなどを記載する必要があります。また，氏名の横には，①でも説明した通り実印を押します。

　表の1番目の「掲載されている場所」には，問題となる書込みがあるURLを記載します。ここで注意しなければならないのは，問題の書込みがある個別のURLを記載する必要があるということです。たとえば，掲示板やブログのトップページのURLを書いても，どこに問題の書込みがあるのかわかりません。そのため，掲示板のどのスレッドの何番目の書込みなのか，ブログのどの記事なのか，ということを明示しなければなりません。

表の2番目の「掲載されている情報」には，問題の書込みがどのような内容を含んでいるのかを端的に書けばよいです。書込み自体が短いものであれば，そちらをコピー＆ペーストしてもよいです。

　表の3番目の「侵害されたとする権利」には，名誉権やプライバシー権といった記載をすればよいです。それぞれの権利の詳細は，**第2章4**を確認してください。これは次の「権利が侵害されたとする理由（被害の状況など）」に記載する内容と密接に関わるので，2つの内容の整合性を図ってください。たとえば，「権利が侵害されたとする理由（被害の状況など）」の中ではプライバシーの話しかしていないのに，「侵害されたとする権利」に名誉権と書いてしまったら，内容に一貫性がないので気をつけましょう。

　表の4番目の「権利が侵害されたとする理由（被害の状況など）」には，書込みの内容が自分を指していることとその理由，書込みが自分の権利を侵害していることを説明します。その説明には，背景事情も含めて書きましょう。できれば，違法性阻却事由がないということまで説明できるとよいです。名誉権侵害を理由とする場合ならば，書き込まれている内容は真実ではない，というものなどです。この点を詳しく書いておけば，たとえ照会手続で発信者から反論があっても，削除をしてくれる可能性が生まれます。そして，こちらの主張を裏づける資料があれば，その資料もあわせて送ると，より事情が伝わりやすくなります。

　削除依頼書（送信防止措置依頼書）の記載例は，次の通りです。**第1章1事例2**の後藤奈帆子さんをもとにしています。

掲載されている場所		URL：http://xxx12345.com/12345678.html レス番号：123,144
掲載されている情報		私が淫乱であるという情報 私の裸の写真であると誤解される写真
侵害情報等	侵害されたとする権利	名誉権
	権利が侵害されたとする理由（被害の状況など）	私は，女性向けの下着の企画・販売を行っているランジェリー・コミュニケーションズ株式会社の代表取締役を務めています。 　上記の掲示板には，「清楚なフリして淫乱です」という書込みとともに，女性の裸の写真が投稿されています。顔写真は私のものですが，体の部分は私ではありません。異なる2枚の写真を合成したいわゆるコラージュ写真と呼ばれるものです。 　この写真を見た方々は，私の裸だと思ってしまうでしょうし，「淫乱です」という書込みと一緒に掲載されていることから，誰かにこの写真を撮らせたと思われる内容になっています。 　私は誰かに裸の写真を撮らせたことはなく，裸の写真を撮らせるような人物だと誤解されることは我慢がなりません。淫乱であるといわれることも非常に屈辱的です。 　そのため，この書込みと写真は，私の権利を侵害しているので，削除をお願いいたします。

2 ｜ 裁 判 手 続

（1）　削除仮処分とは

　送信防止措置依頼をしても削除に応じてくれない場合，削除仮処分という裁判手続を検討してみてもよいかもしれません。

　仮処分は裁判の一種ですが，通常の裁判より迅速な手続で行われるもので，裁判所が申立てにおおむね間違いがないと判断した場合，一定額の担保金を供託することを条件に決定する暫定的措置のことです。たとえば，削除を求める仮処分であれば，権利侵害が一応認められると裁判所が判断した場合に，30万円程度の担保金を立てることで，「削除を仮

に認める」という決定を出すものです（担保金は裁判所が定めるものなので，必ずしも30万円になるわけではありません）。なお，担保金が用意できなければ，決定が発令されることはありません。供託した担保金は，一定の手続を行うことで返還されます。

　通常の裁判では数か月から1年以上の時間がかかることが多いですが，この手続では1～2か月で結論が出ます（早ければ1～2週間のこともあります）。手続が早いのは，通常の裁判とは違って，一応こちらの主張が確からしいという判断を裁判所がすれば，「仮」の処分，暫定的な措置を命じてくれるからです。ただし，裁判手続である以上，法律に基づいた主張やそれを裏づける証拠の提出も必要になるので，簡単な手続というわけではありません。なお，仮処分は送信防止措置依頼を行ってからでないとできないわけではなく，最初から仮処分の申立てをしても問題はありません。

　「削除せよ」という仮処分決定が出れば，多くのコンテンツプロバイダ，ホスティングプロバイダは削除に応じてくれます。

　仮の処分というと，一度削除されてもその後に元に戻る可能性があるのではないかと心配する人もいるかもしれません。ですが，そのようなケースは通常なく，一度削除されれば削除されたままになります。

（2）　手続の流れ

　では，具体的にはどのような手続が必要なのでしょうか。

　削除の仮処分を申し立てるためには，申立書を作成し，こちらの主張を裏づける証拠があればそれとともに，管轄がある裁判所に提出します。申立書には，自分のどのような権利が侵害されているのかを説明する必要がありますが，単に書けばよいということではなく，法律や判例が示す要件などを満たすように書く必要があります。

　仮処分決定を出してもらうためには，人格権（名誉権やプライバシー権など）や著作権に基づく削除請求権（差止請求権）が成立している必要があ

ります。そのため，どの書込みがこれらの権利を侵害しているといえるのか，すぐに削除されなければ権利の回復ができないという事情がある（保全の必要性）といえるのか，を説明します（民事保全法13条）。また，書込みが違法ではなく正当な権利に基づいていることを窺わせる事情がないこと，つまり，違法性阻却事由がないことを説明します。加えて，相手方（これを「債務者」と呼びます）が削除する義務を負うことの指摘が必要です。義務がないことを命じることはできないためです。基本的な主張の方法は，**第2章4**にまとめた通りです。

　申立書を作成したら裁判所に提出する必要がありますが，その提出先は「管轄」によって決まります。削除に関する管轄は，相手方の所在地を管轄する地方裁判所か，自分（自社）の住所地を管轄する地方裁判所にあります。債務者の所在地を管轄する地方裁判所には管轄が生じることになるので，債務者が日本国内に住所・居所があれば，その地方裁判所に管轄があるということになります（民事保全法12条1項，民事訴訟法4条1項，同2項）。

　また，人格権に基づく削除請求は，不法行為に基づく請求の一種と解釈されているため，民事訴訟法5条9号により，不法行為に関連する裁判は，不法行為があった地を管轄する裁判所が担当することになります。そして，不法行為地は行為地だけでなく，損害発生地も含むというのが判例であり（大審院昭和3年10月20日判決（判例集未登載），東京地裁昭和40年5月27日判決（判タ179号147頁）など），ネットを介した権利侵害については，パソコンなどの画面を見た場所で損害が発生したと解釈されています。パソコンなどを見た場所なので，理論的にはどこでもよいですが，実務上は自宅や会社で見たとすることが多いです。そのため，自分の住所地を管轄する地方裁判所にも，管轄が発生することになります。

　なお，海外の相手であっても，自分の住所地を管轄する地方裁判所で裁判をすることが可能です。ただし，その場合，申立書を翻訳したり，海外へ送ったりする必要があるなど，国内の相手と裁判をするよりも労力

がかかります。

　申立書の例は，次の通りです。**第1章1事例2**の後藤奈帆子さんをもとにしています。

■■ 資料 3-2-1　「申立書」記載例

投稿記事削除仮処分命令申立書

収入
印紙　[*1]

令和4年12月6日

東京地方裁判所民事第9部　御中[*2]

債権者代理人弁護士　甲　野　太　郎　印

当事者の表示　　　　　　　別紙当事者目録記載のとおり[*3]
仮処分により保全すべき権利　人格権に基づく削除請求権

申立ての趣旨

　債務者は，別紙投稿記事目録にかかる各投稿記事を仮に削除せよ[*4]
との裁判を求める。

申立ての理由

第1　被保全権利[*5]
　1　当事者
　　(1)　債権者は，女性向けの下着の企画・販売を行う学生ベンチャー企業（ランジェリー・コミュニケーションズ株式会社）の代表取締役である（疎甲1）。
　　(2)　債務者は，インターネット掲示板「てにをは掲示板」（以下，「本件掲示板」という。）を管理・運営する株式会社である（疎甲2）。
　2　人格権侵害
　　(1)　債権者は，氏名不詳者から，本件掲示板に「ランジェリー・コミュニケーションズ社の後藤社長は清楚なフリして淫乱です」という書込みとともに，債権者の顔写真と別の女性の裸の写真を合成した写真（以下，「コラージュ写真」という。）を投稿された（疎甲3）。
　　　　投稿では，「ランジェリー・コミュニケーションズ社の後藤社長」と明記されており，コラージュ写真の顔部分は債権者のものである以上，これが債権者についてなされたものであることは明らかである。
　　(2)　そして，かかる投稿を見た者は，債権者が第三者に裸の写真を撮影させるなどしている人物であり，「淫乱」であると認識するおそれがある。また，コラージュ写真が債権者自身の裸であると認識されることにもなる。
　　　　このような投稿内容は，債権者の社会的評価を低下させるものである。
　3　違法性阻却事由の不存在
　　　　本件において投稿された写真は，コラージュ写真であって，債権者の裸を撮影したものではない（疎甲4）。また，債権者が第三者に裸の写真を撮影させたこともない（疎甲4）。したがって，投稿された内容は真実ではない。

そして，真実ではないにもかかわらず，債権者をもって淫乱であるなどと断じていることは，もっぱら嫌がらせ目的に出たものと考えざるをえず，公益目的は存しない。

　　よって，違法性阻却事由は存在しない。

4　債務者の削除義務

　　債務者は，本件掲示板を管理・運営している以上，削除権限を有するとともに，債権者の人格権に基づく削除請求権に対応した条理上の削除義務を負っている。

5　小括

　　したがって，債権者は債務者に対し，被保全権利として人格権に基づく削除請求権を有する。

第2　保全の必要性[*6]

　　別紙投稿記事目録各記載の投稿はインターネット上で常に公開されている。そのため，時間の経過により閲覧される機会が増えることになるから，時間が経過するほど人格権侵害が拡大することになる。また，別紙投稿記事目録各記載の投稿の検索回数が増えれば増えるほど，本件投稿は Google や Yahoo! といった検索サービスで，上位の検索結果として表示されるようになる。そのため，早期に削除されなければ，別紙投稿記事目録各記載の投稿の閲覧機会はますます増加し，不利益拡大の危険性はより高くなる。

　　したがって，インターネットでの閲覧の機会を減らすため仮に削除を求めておく必要がある。

以　上

疎　明　方　法

1	疎甲第1号証	現在事項証明書
2	疎甲第2号証	インターネット掲示板の運営者情報
3	疎甲第3号証	中傷記事のスクリーンショット
4	疎甲第4号証	陳述書

添　付　書　類

1	疎甲号証	各1通[*7]
2	疎明資料説明書	1通
3	訴訟委任状	1通
4	資格証明書	1通

注：＊1　収入印紙は一律2000円です。

　＊2　管轄がある裁判所に提出する必要があります。管轄については先述の通りです。

　＊3　仮処分では，当事者は目録という形でまとめます。当事者目録については**資料3-2-2**の通りです。

　＊4　仮処分を申し立てる側を「債権者」，相手方を「債務者」といいます。

　＊5　被保全権利という項目を作り，そこで，誰の，どのような権利が，どのように侵害されたのかということを明確にします。

　＊6　すぐに削除されないとどのような不利益が生じるのかを説明する必要があります。

　＊7　債務者分の申立書類一式も最初から提出する必要がある場合には，通数が変わることがあります。東京地裁の場合は，各1通のみ提出を行い，債務者分は債務者に直接送るように求められます。

■■ 資料 3-2-2 　「当事者目録」記載例

当 事 者 目 録

〒123-4567　東京都城北区白羽根南 2 丁目 4 番 6 号
債権者　　後 藤 奈 帆 子

〒198-7654　東京都中区仏田大山町 3 丁目13番23号
甲野太郎法律事務所（送達場所）
電　話　03-4812-1620　FAX　03-4812-1624
債権者代理人弁護士　　甲 野 太 郎

〒161-2182　東京都城西区中ノ窪 1 丁目13番26号
債務者　てにをは株式会社
同代表者代表取締役　　武 村 多 津 雄

■■ 資料 3-2-3 　「投稿記事目録」記載例

投稿記事目録

閲覧用URL
　　https://xxx12345.com/12345678.html

| 番号 | 123 | 投稿日時 | 2022/10/14　20:12:07 |
| 番号 | 144 | 投稿日時 | 2022/10/16　11:01:55 |

3 ｜ 検 索 エ ン ジ ン へ の 対 応

（1）　検索エンジンの仕組みとキャッシュの削除

　「Yahoo!」や「Google」といった検索エンジンは，ロボット型サーチエンジンと呼ばれます。これらは，情報収集プログラム（ロボット，クローラ）が世界中のサーバを巡回してウェブページに関する情報を収集し，キーワードごとにデータベース化するという仕組みを備えています。検索結果を表示するための索引を作る過程で，それぞれのウェブページの内容を保存していきます。これを「キャッシュ」と呼びます。そして，キャッシュを更新する（情報を最新の状態にする）ために，クローラがウェブページを定期的に巡回しています。これが，検索エンジンの基本的な

仕組みです。

　たとえば，**第１章１事例10**の杉山恭雄さんのように，自分の名前を検索したときにネガティブなサイトが表示される場合，どのような対応が必要でしょうか。検索エンジンは，ネット上に存在している情報を探して一定のルールに従って並べ替えているだけなので，ネガティブなサイトに直接対応したいということであれば，検索結果として表示されている表示結果を問題にするのではなく，そこからリンクされている各サイトを問題にする必要があります。これまで説明した方法で個別に削除依頼をし，削除されれば，基本的にはその結果が検索結果にも反映されます。

　ただ，ここで注意が必要なのは，ネガティブなサイトが削除できたとしても，それが検索結果にすぐには反映されないということです。検索したとき，ネガティブなサイトが検索結果としては表示されるものの，それをクリックすると，ページは削除されているという状態です。このようなタイムラグは非常によく起こるのですが，その原因は検索結果が最新の状態に更新されていないことにあります。なお，更新の頻度は公開されておらず，よく検索されているワードやサイトなのかといった事情によっても，更新の頻度は異なっています。仮に，更新の頻度を変えるように要求しても応じてはくれません。したがって，ネガティブなサイトを削除できても，しばらくの間は表示されることになります（30〜90日程度の間には削除されていくことが多い印象です）。

　ただし，リンクの削除ができる場合があり，仮にそれができない場合でも，スニペットの削除であればできる場合があります。スニペットとは，検索結果の下に表示された３行程度のサイトの説明文です。

　このとき，「Google」と「Yahoo!」については，「Google」のサーチコンソールを使用することで対応していきます（なお，「Yahoo!」の検索エンジンには「Google」の検索システムが採用されているため，「Google」で対応されれば「Yahoo!」でも同じ内容が反映されます）。

サーチコンソールは,「Google」にログインをしていないと使えませんが,「Google」のアカウントは無料で作れます。アカウントを作ってログインをした上で,「Google」サーチコンソール (https://search.google.com/search-console/remove-outdated-content) にアクセスしてください。サーチコンソールで削除できるのは,次の 2 つの場合です。

　　①ネガティブなサイトがインターネット上に存在しなくなっている
　　　場合（アクセスしても「404 Not Found」という表示になる場合など）。
　　②問題となるキーワードがネガティブなサイトの中から全部削除さ
　　　れている場合。
　いずれの場合も,サーチコンソールの「新しいリクエスト」から問題のサイトの URL を入力して削除リクエストを行ってください。

■ 資料 3-3-1　　「Google」サーチコンソールによる削除①

Google 検索から古くなったコンテンツを削除する

ガイドライン

• このツールは、すでにウェブから削除された、または修正されたページや画像に対してのみ機能します。

• 個人情報や法的な問題があり、ページ上に現在も存在するコンテンツを削除するには、代わりに法的要請を送信してください

• 詳しくは、こちらのドキュメントをご覧ください

　　新しいリクエスト　　　こちらをクリック

▶引用元：https://search.google.com/search-console/remove-outdated-content

---

　①については,検査結果から削除される可能性が高いです。この場合は,「リクエストを送信しました」と表示されるので,「ok」ボタンを押して対応されるのを待ってください。

他方，②については，検索結果からの削除はできないものの，検索結果として表示されているスニペットの削除ができる可能性があります。

　サーチコンソールによる申請には，検索エンジンに保存されているキャッシュが最新ではない場合，古いキャッシュを削除する機能があります。

　この場合，「このページはまだ存在しています」という表示がされます。

■■ 資料 3-3-2	「Google」サーチコンソールによる削除②

このページはまだ存在しています

コンテンツが古いことを確認するために、古いバージョンには表示されているが、現在公開されているバージョンには表示されていない単語を入力してください。

単語を入力

注意: このページがすでに存在しないと思われる場合は、ここをクリックしてフィードバックを送信してください。

こちらをクリック

戻る　　　　　　　　　　キャンセル　リクエストを送信

▶引用元：https://search.google.com/search-console/remove-outdated-content

　削除を申請する際は，具体的にどの点が変わったのかを申告する必要がありますが，その判断は，キャッシュされているテキストと申告する単語との間に一致があるかどうかによってされています。**第1章1事例1**でいえば，匿名掲示板に「横田は詐欺師だ」という書込みがあり，それを削除できたとします。そこで，サーチコンソールで「詐欺師」というワードを申告して，削除を申請したとします。もしその掲示板に，他に

「詐欺師」というワードが含まれていなければ削除される可能性があ
りますが，たとえば，「大山も詐欺師だ」といった書込みがあれば，「詐欺
師」というワードは依然として存在しているため，不一致ではないと判
断され，削除されないことになります。

　資料3-3-2に，そのサイト内から存在しなくなった単語（**第1章1事例1**
でいえば，「詐欺師」）を入力し，「リクエストを送信」をクリックしてくだ
さい。早ければその日に対応されます。

（2）　検索結果表示の削除依頼

　多数の検索結果が表示され，個々のサイトに対応するだけでは作業が
膨大になってしまって対応しきれないといった場合や，サイトが海外の
もので対応が難しいといった場合，検索結果に表示されなければ，サイ
ト自体が存在していてもインターネットユーザーの目に触れないように
することができます。そこで，検索結果表示の削除依頼を行います。

　検索サイトは，「Yahoo!」，「Google」，「Bing」など色々なものが存在し
ています。ただ，日本においてもっぱら用いられているのは「Yahoo!」，
「Google」であり，この2つだけで90％以上のシェアを占めています。そ
して，「Yahoo!」は「Google」の検索エンジンを利用しているため，「Google」
から検索結果が削除されると，同時に「Yahoo!」の検索結果も消えるこ
とになります。そのため，検索サイトへの対応を行う場合，もっぱら
「Google」を相手にすればよいということになります。

　検索結果の削除を求める方法は，「Google」が用意しているウェブ
フォームから行う方法と，裁判（仮処分）手続を用いる方法があり得ます。

　ウェブフォームから行う削除請求は，以前から一定の場合に認められ
ていた一方，裁判手続での削除請求は認められておらず，2014年10月に
初めて認められました。その後，最高裁平成29年1月31日決定（判タ1434
号48頁，判時2328号10頁）は，「検索事業者が，ある者に関する条件による検
索の求めに応じ，その者のプライバシーに属する事実を含む記事等が掲

載されたウェブサイトの URL 等情報を検索結果の一部として提供する行為が違法となるか否かは，当該事実の性質及び内容，当該 URL 等情報が提供されることによってその者のプライバシーに属する事実が伝達される範囲とその者が被る具体的被害の程度，その者の社会的地位や影響力，上記記事等の目的や意義，上記記事等が掲載された時の社会的状況とその後の変化，上記記事等において当該事実を記載する必要性など，当該事実を公表されない法的利益と当該 URL 等情報を検索結果として提供する理由に関する諸事情を比較衡量して判断すべきもので，その結果，当該事実を公表されない法的利益が優越することが明らかな場合には，検索事業者に対し，当該 URL 等情報を検索結果から削除することを求めることができる」として，プライバシー権に基づいて，検索結果の削除が認められる場合の基準を示しました（名誉権その他の権利に基づく削除請求の場合については，2022年9月時点で示されていません）。

なお，検索サイト側は，検索結果はそもそもコンテンツではないから，削除請求の相手方にはならないと主張し，裁判例においてはそれに沿うような判断がされている例もありました。しかし，この点について同決定は，「検索事業者は，インターネット上のウェブサイトに掲載されている情報を網羅的に収集してその複製を保存し，同複製を基にした索引を作成するなどして情報を整理し，利用者から示された一定の条件に対応する情報を同索引に基づいて検索結果として提供するものであるが，この情報の収集，整理及び提供はプログラムにより自動的に行われるものの，同プログラムは検索結果の提供に関する検索事業者の方針に沿った結果を得ることができるように作成されたものであるから，検索結果の提供は検索事業者自身による表現行為という側面を有する。」として，検索サイト側の主張を否定し，削除請求の相手方になり得ることを明確にしました。

したがって，検索サイトに対する検索結果表示の削除請求も，裁判手続で認められる余地があります。ただし，検索サイト側は，検索結果に

ついて介入することを極力避けたいようで，本来的にはコンテンツを提供している元のサイトが対応するべきものであるとして，削除を激しく争ってくることが通常です。

　そのため，本書ではウェブフォームから行う方法について，**第6章**で説明することとします。

　なお，検索結果から削除されても，問題のサイト自体が削除されるわけではありません。個々のサイトの削除と組み合わせて対応することで，ネット上からのより確かな削除ができるようにするとよいでしょう。

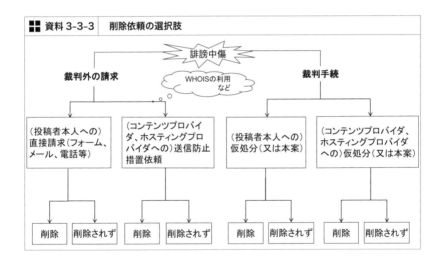

資料 3-3-3　　削除依頼の選択肢

第 **4** 章
開示請求の方法

1 │ 開 示 請 求 の 方 法

（1） プロバイダ責任制限法の改正

　2020年5月，女子プロレスラーが誹謗中傷を苦にして命を絶つという痛ましい事件が起こりました。このことをきっかけに，誹謗中傷に対して法的な対応の必要性が，社会的に強く意識されるようになり，そのような機運の高まりも後押しし，通信行政を所管する総務省は，「発信者情報開示の在り方に関する研究会」において「プロバイダ責任制限法」の改正に関する議論を行うほか，「プラットフォームサービスに関する研究会」においてインターネット上の誹謗中傷の現状や，その対応に関する議論が行われています。

　「発信者情報開示の在り方に関する研究会」は，2020年12月，「最終とりまとめ」を公表し，これを受け，2021年4月28日，プロバイダ責任制限法は改正（公布）され，2022年10月1日，施行されました。

　これまで第4条までの条文しかなかったプロバイダ責任制限法が，改正によって第18条まで増えました。そして，発信者情報開示命令事件という新しい裁判手続が導入され，この手続きに付随する提供命令，消去禁止命令も新たに定められるほか，いわゆる「ログイン型投稿」（後述）と表現されるものについて，開示請求が認められる類型を示しました。

　改正法の下では，新しい裁判手続である発信者情報開示命令事件という手続きにより，相手を特定していくことができますが，「最終とりまとめ」において旧法下における開示請求の方法に「加えて」採ることができる手続きであるとされたことから，これまで行ってきた開示請求，

具体的には，大別して，裁判を用いない方法，裁判を用いる方法を採ることができ，さらに裁判を用いる方法では，仮処分による方法，本案（通常の裁判）による方法を採ることができます。

　そのため，開示請求の相手がどのような情報を保有しているのか，どのような対応をしてくるのか，どの手続きを用いるのがスムーズなのかといった種々のことを考慮した手続選択をする必要性が生じてくることになります。

　なお，プロバイダ責任制限法が対象にしているのは「特定電気通信」であり，特定電気通信とは，「不特定の者によって受信されることを目的とする電気通信の送信」であると定義されています（プロバイダ責任制限法2条1号）。これは，特定の者から特定の者に対しての連絡をするためのメールやメッセージサービス（LINE や Messenger，DM など）は対象にならず，誰でも閲覧することができるインターネット上のものに限定して開示請求ができるということを意味します。

（2）　特定のためのルート

　投稿者（これをプロバイダ責任制限法上，「発信者」といいます）を特定するための発信者情報開示請求は，プロバイダ責任制限法5条に定められています。特定するためのルートは，いくつか存在しており，大まかに分けると以下の4ルートです。

①　IP アドレスルート

　ⓐコンテンツプロバイダ（CP）から IP アドレス，タイムスタンプ（接続日時）といった情報を取得した上で，ⓑ IP アドレスから判明するインターネット接続事業者（アクセスプロバイダ（AP）。他に，インターネットサービスプロバイダ（ISP）や経由プロバイダ等の言い方がされます）から，氏名，住所等の契約者情報を取得する。

②　電話番号ルート

　ⓐコンテンツプロバイダが保有する電話番号またはキャリアメールを

取得し，ⓑ電話会社から回線契約者の氏名，住所等の契約者情報を取得する。

③　CP 利用者ルート

コンテンツプロバイダが保有する利用者の氏名，住所等の利用者情報を取得する。

④　サーバ契約者ルート

ホスティングプロバイダ（HP）から，サーバ契約者の氏名，住所等の契約者情報を取得する。

①IP アドレスルートは最もスタンダードな特定のルートであり，これまでも一番用いられているものです。改正法でも，このルートによる特定がスタンダードなものという前提で条文が置かれている様子が見て取れます。

②電話番号ルートは，改正前から採り得る方法ではありましたが，改正法下ではこのルートの活用が一層期待できます。

③CP 利用者ルートも改正前から採り得る方法であり，Amazon，楽天，ヤフーといったショッピングサイトを中心に有効に機能しています。

④サーバ契約者ルートも改正前から採り得る方法であり，「まとめサイト」，「トレンドブログ」といったサイトについては有効に機能しています。

それぞれの特定のためのルートに関する説明は，3 〜 6 で後述します。

（3）　インターネットの仕組み概説

主に，①ルートによって開示請求をしていく場合に必要になる知識ですが，相手を特定していくためには，インターネットがどのような仕組みになっているかを知っておくと，特定をしていく際の位置づけが分かりやすくなるので，以下，インターネットの仕組みを概説します。

パソコン本体やスマートフォン本体があるだけでは，インターネット

に接続することは原則としてはできず，インターネットに接続するためには，インターネットに接続するための契約が必要になるのが原則です（もっとも，最近は無料 Wi-Fi を提供している店舗や自動販売機なども多数存在しており，また，家庭や職場でも Wi-Fi 経由でインターネットに接続するということはあり得るでしょう）。インターネットに接続するサービスを提供している事業者は多数存在していますが，たとえば，OCN，Yahoo!BB といった主に固定回線を提供するもののほか，NTT ドコモ，KDDI など移動体通信を提供するものもあります。

　ところで，インターネットは，全世界のネットワークを相互に接続した巨大なコンピュータネットワークだとされています。海外サイトにも接続することができるのは，このようなネットワークが構築されているからといえます。そして，インターネット上には，たとえば SNS，動画共有サイト，企業ホームページ，ショッピングサイト，ブログ，掲示板等々，様々なサイトが存在しており，これらをクリックすることで閲覧することができます。

　では，サイトを閲覧するということはどういうことなのか，というとあまりイメージができていない人も多いのではないかと思います。「インターネットという宙空に情報が浮いていて，それにアクセスしているのだ」といったイメージの方もいるかもしれません。しかし，そのようなイメージは正しくなく，インターネットは，基本的には，情報が保存されているサーバに，インターネットを使うユーザーがアクセスすることによって，サーバ内の情報を閲覧するという仕組みで成り立っています。このような仕組みを「クライアント・サーバ型」といったりします（ほかに，P2P 型という，サーバを介さずに端末同士で直接通信を行う方式もあり，LINE などで用いられています）。

　掲示板などに書込みをしたいと考えて，あるサイトを閲覧している者がいるという例をもとに見てみます。左側から見ていきますが，送信依頼を AP に対して行っていますが，このことからサイト閲覧や書込みな

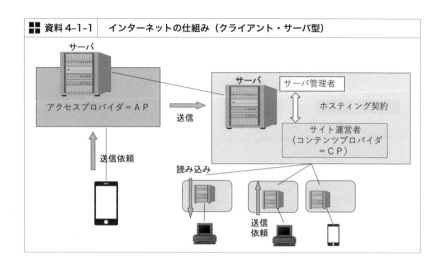

資料4-1-1　インターネットの仕組み（クライアント・サーバ型）

サーバ

アクセスプロバイダ＝ＡＰ

送信

送信依頼

サーバ　サーバ管理者

ホスティング契約

サイト運営者
（コンテンツプロバイダ
＝ＣＰ）

読み込み

送信
依頼

どをしていく場合には，まずは AP に接続することが必要なことが分かります。次に，AP からサイト側のサーバに対して，その情報が送信され記録されます。この際，情報が記録されるのはサーバですが，サーバを管理している者がサイト管理者（CP）である場合と，そうでない場合（レンタルサーバ会社の場合）があります。サーバに記録された情報は，そのサーバにアクセスすれば，基本的に他の者も見ることができることになります。

　このようなことが無数に繰り返されて，インターネットは形成されています。ここでのポイントは，サイトを閲覧するためには，AP に接続し，その後 CP が管理するサーバに接続するという過程を経ているということです。

2 ｜ 証拠保存の方法

（1） 証拠保存のポイント

開示請求をしていく際には，どこにどのような書込みがあるのかを CP（またはホスティングプロバイダ）に示す必要があります。それには，問題の書込みがされているサイトの保存が不可欠です。仮にその書込みが削除されてしまうと，書き込まれた内容を実際に確認できないので，開示請求が認められなくなります。

保存の際のポイントは，基本的に次の2つです。

①問題のサイトの URL（SNS については，少なくともアカウント）が明確にわかるようになっていること。

②問題の書込みがきちんと確認できること。

ただし，その書込みだけでは意味がわかりにくかったり，他の書込みに対する反論として書かれていたりするなど，他の書込みとあわせて読まないと理解しにくい場合には，関連する書込みとともに保存します。

また，URL が正確に読み取れるようになっていない場合には，どこにその書込みがあったのかがわからないので，証拠として使いにくくなります。この点については，「インターネットのホームページを裁判の証拠として提出する場合には，欄外の URL がそのホームページの特定事項として重要な記載であることは訴訟実務関係者にとって常識的な事項である」（知財高裁平成22年6月29日判決（裁判所ウェブサイト））として，URLが明らかでないウェブページの印刷物の証拠価値を否定する裁判例も存在しています。

もっとも，近時はここまで厳格なことを言われる例は少なく，SNS であればアカウントの特定ができたり，投稿の存在を他の方法で立証できれば足りている印象です。

（2） 証拠保存の方法

サイトを証拠として保存する代表的な方法は，次の 4 つです。

①スクリーンショット（キャプチャ）を撮る。

②PDF や Microsoft XPS Document Writer で出力する。

③紙に印刷する。

④パソコンの画面を写真や動画に撮る。

① スクリーンショット（キャプチャ）を撮る

スクリーンショット（キャプチャ）を撮る際には，アドレスバーが全部明確に表示されていなければなりません。スクリーンショットは，ウィンドウズのパソコンであれば，Alt＋PrtScr（「Print Screen」と表記されていることもあります）というキー操作で，アクティブな画面（一番最前列に配置されている画面）を保存できます。

撮ったスクリーンショットは，「Microsoft Word」や「ペイント」といっ

資料 4-2-1　スクリーンショットの例

▶引用元：https://www.google.co.jp/?hl=ja

たソフト（アプリ）を開いて，それぞれに貼り付ければ保存できます。

　スクリーンショットは，問題の書込みがどこでされたのかが一見して
わかる点で便利ですが，テキスト情報をコピー＆ペーストできない点
や，関連する書込みがたくさんある場合にそのすべてを個別に撮る必要
がある点で，煩雑になる可能性があります。

　なお，スマートフォンにもスクリーンショット機能がありますが，ス
マートフォンのスクリーンショットではブラウザの URL の表示欄が狭
く表示しきれないことが普通ですし，また，SNS 等のアプリの場合はそ
もそも URL の表示がありません。そのため，場合によっては証拠として
不十分とされてしまうおそれがあるので，できる限りパソコンから保存
した方がよいと言えます。

② PDF や Microsoft XPS Document Writer で出力する

　PDF とは，Adobe Systems 社が開発した，紙に印刷するのと同じよう
にファイルを保存する形式の名称です。PDF で保存・出力するためには，
基本的には同社が提供する「Adobe Acrobat」というソフトが必要ですが，
PDF で保存・出力ができるフリーソフトも多数あります。また，「Google」
のウェブブラウザである「Google Chrome」には，閲覧しているサイトを
PDF で保存・出力できる機能が備わっています。これらを使って保存し
ましょう。

　「Google Chrome」を使って PDF で保存・出力しようとする場合，
Windows であれば，右クリックで「印刷」を選択するか，Ctrl＋P を押せ
ば印刷メニューが表示されます。そして**資料4-2-2**のように「送信先」の
ところで，「PDF に保存」を選択し，「保存」ボタンをクリックすれば，
PDF ファイルで保存できます。

　保存するときには，URL が表示されるように設定しましょう（特に設定
しなくても，URL が表示される場合もあります）。「Google Chrome」であれば，
「詳細設定」の中に含まれている「オプション」の「ヘッダーとフッター」
にチェックを入れれば，URL が表示されます。同時に，保存した日も表

資料 4-2-2 「Google Chrome」での PDF 保存

送信先	📄 PDF に保存 　　「PDFに保存」を選択
ページ	すべて
レイアウト	縦
詳細設定	
用紙サイズ	A4
1枚あたりのページ数	1
余白	カスタム
倍率	カスタム
	100
オプション	☑ ヘッダーとフッター　　こちらにチェック

▶引用元：Google Chrome

示されるため，少なくともその時点では誰でも閲覧できる状態だったということも証明できます。

「Microsoft XPS Document Writer」というのは，Windows Vista 以降のウィンドウズのパソコンにインストールされているもので，基本的にはPDF と同じ機能を有しています。ただし，保存形式は XPS という独自の形式になります。

③　紙に印刷する

紙に印刷するという方法でも問題はありません。ただ，紙ではコピー&ペーストができないという点で，やや不便ではないかと思います。注意点は，PDF や XPS で保存するときと全く同じです。

なお紙に保存する場合，証拠としてコンテンツプロバイダ（またはホスティングプロバイダ）に提出する上で，コピーを取るときに，URL部分が下の方に記載されているため，コピーがされていなかったり，途中で途切れたりすることがよく起きます。そのため，URLの部分がすべてコピーされているかを念入りに確認すべきでしょう。

④　パソコンの画面を写真や動画に撮る

　パソコンの画面を写真や動画に撮るという方法は，①とほぼ同様です。そのサイトのトップページから問題の書込みまでの遷移を記録することができます。撮影するときには，URLがすべて表示されているかを確認するとともに，証拠以外のものが写り込まないように気をつけましょう。

⑤　HTMLドキュメントとして保存してはいけない

　ちなみにパソコンには，サイトをHTMLドキュメントとして保存するという機能もありますが，これはあまり適切とはいえません。

　たとえば，「Yahoo! JAPAN」のトップページを保存したものが**資料4-2-3**のスクリーンショットです。HTMLドキュメントを開こうとすると，通常はウェブブラウザで閲覧することになりますし，一見すると，ウェブサイトをそのまま保存しているように見えます。しかし，アドレスバーを見ると，「C:¥……」というようなアドレスになっています。アドレスは，パソコンのどこを参照しているのかがわかるようになっているものですが，この表示はパソコン内部のCドライブというディスクに

資料4-2-3　　HTMLドキュメントとして保存した例

▶引用元：http://www.yahoo.co.jp/

データが保存されていることを意味します。これでは保存したサイトの場所（URL）はわかりませんので，証拠として適切とは言えません。

　なお，電子データについて，「電子データは偽造が簡単だから証拠にならないのではないか」という質問をしばしば受けます。ただ，紙でも偽造はできますし，著者の経験上，これまで証拠として提出したサイトを保存した電子データが偽造だと主張されたことはありません。

⑥　魚拓サイトの利用

　魚拓とは，魚の表面に墨をぬり，和紙をその上において魚の形を写すことを指す言葉ですが，魚拓サイトとはインターネット上のサイトをそのままコピーして保管するサービスを提供しているサイトです。

　魚拓サイトは，日本では株式会社アフィリティーが提供する「ウェブ魚拓」が有名ですが，これ以外にもいろいろな魚拓サイトが存在しています。魚拓サイトでは，保存したいサイトの URL を入力してボタンを押せば，サイトを分析して保存してくれます。元々の URL が明確に分かりますし，実際にどのように表示されていたのかも分かるため，印刷したり PDF 出力が難しいということであれば，魚拓サイト上で保存をしておくというのも一つの方法といえます。

3　① IP アドレスルートによる開示請求

（1）　開示請求の基本的な流れ

　この方法は，ⓐコンテンツプロバイダ（CP）から IP アドレス，タイムスタンプ（接続日時）といった情報を取得した上で，ⓑ IP アドレスから判明するアクセスプロバイダ（AP）から，氏名，住所等の契約者情報を取得するものです。この開示請求については，改正前からある裁判を用いない方法，用いる方法，さらに新しい裁判手続である発信者情報開示命令事件を用いることができます。

いずれについても基本となる流れは同じになるため，まずは開示請求の流れを説明します。

① **CP が保有する情報と IP アドレス**

　CP とは，SNS や掲示板，ブログ運営会社その他の情報提供をしているサイトを指します。

　CP の利用実態を想像してもらいたいのですが，SNS や掲示板，ブログ等を利用する場合，自身のメールアドレスやユーザーアカウントを登録することはあるにしても，自身の氏名や住所，電話番号など，自身に直接繋がるような情報の入力を求められるサイトは少ないことに気づくと思います。では，CP はどのような情報を持っているのでしょうか。

　まず，アカウント登録が必要なサイトであれば，メールアドレスでのアカウント登録をするサイトが多いでしょうから，メールアドレスの情報を保有している可能性はあります。もっとも，いわゆるキャリアメールやプロバイダメールと呼ばれるメールを使用している人は現在多くはなく，多くの人は Gmail や Yahoo!メール等のフリーメールを使用しているのではないかと思います。フリーメールが開示されたとして，そのアドレスを知っている，といった事情がなければ，そこからさらに発信者の特定をすることはできません。これは，プロバイダ責任制限法は「特定電気通信」を対象にしており，フリーメールの発行元に使用者の情報開示を求めることができないためです。

　次に，CP は，サーバにアクセスされた履歴を保有しています。どのような履歴を保有しているのかは CP によっても異なりますが，どの IP アドレスから，いつアクセス（接続）されたのかといった情報は保有されていることが多いといえます。そこで，このルートでは，この IP アドレスといつアクセスされたのかの情報（タイムスタンプ）の開示を求めることになります。

　ところで，「IP アドレスはインターネット上の住所」といった説明がしばしばされるので，IP アドレスが分かれば，それだけで自動的にどこ

の誰が使ったものか分かるかのように考えている方が少なくありませんが，その認識は必ずしも正しくありません。

IPアドレスは「123.45.67.89」などの数字の羅列（IPv4の場合）や，「2001：240：2958：8100：3ae0：8eff：fe5b：b340」といった英数字の羅列（IPv6の場合）であり，アクセスプロバイダ（AP）がユーザーに割り振っているものです（なお，IPv4とは，Internet Protocol Version 4のことであり，IPv6はIPv4に次ぐ規格です）。そのため，IPアドレスから直接分かるのは，あくまでそのIPアドレスがどのAPから割り振られたかが分かるだけということになります。

特に，IPv4の場合は，IPアドレスの数が有限であり，全く数が足りていません。そのため，APは接続のたび，ルーターの電源が入れられるたびなどに，IPアドレスを割り振る措置が取られています（このような，変動するIPアドレスを，「動的IPアドレス」とか「変動IPアドレス」といいます）。そのため，発信者の特定のためには，IPアドレスが分かっただけでは不十分で，そのIPアドレスが，いつ割り当てられていたのか，つまりタイムスタンプが必要になります。IPアドレスとタイムスタンプの組み合わせから，その時間にどの契約者にIPアドレスが割り当てられていたのかを調べるということです。

ただし，近時は通信量が増大していることから，キャリアグレードNATという仕組みによって，APが同じIPアドレスを複数の者に同時に割り当てつつ通信を行うことができるようにされていることが通常で，IPアドレスとタイムスタンプの組み合わせだけでは通信を特定することができない例が増えています。そのため，APが誰の通信かを特定するためには，IPアドレスとタイムスタンプに加えて，接続先IPアドレスや，接続先ポート番号といった付加的な情報を求められることが増えています。

他方，IPv6の場合，割り当てることができるIPアドレスの数が2の128乗，約340澗（かん）個（1澗は1のあとにゼロが36個並ぶ数字）であり，実

質無限にあります。そのため，端末1つずつに1つのIPアドレスを割り当てることが可能で，これであればIPアドレスだけで特定することができる余地があります。もっとも，すべてのサイトがIPv6に対応しているわけではなく，IPv6によるIPアドレスが開示される例は，まだ多くはない印象です。

② APの調査とAPへの開示請求

CPからIPアドレス等の情報を取得することができれば，次にやるべきことは，APに対しての開示請求ということになります。しかし，IPアドレスは数字等の羅列にすぎないため，これを見ただけでは，IPアドレスを割り当てたAPがどこなのかが分かりません。そこで，まずはIPアドレスを割り当てたAPを調査することが必要になります。

APを調べるためには，**第3章1**と同様に，「WHOIS」を活用しますが，筆者がよく使用するのは次のものです。

ASUKA.IO「ドメイン名・IPアドレス検索（ANSI Whois）」

https：//ja.asuka.io/whois

使い方ですが，まずサイトにアクセスすると次のような画面が表示されるので，検索したいIPアドレスを検索窓に入力して，「検索（規定に同意)」ボタンを押します。

資料4-3-1 「ASUKA.IO」の検索画面

ドメイン名・IPアドレス検索 (ANSI Whois)

ドメイン名，IPアドレス，またはAS番号を入力　　　　検索 (利用規約に同意)

▶引用元：https://ja.asuka.io/whois

そうすると，IPアドレスを保有しているプロバイダの情報が表示されます。たとえば「153.219.117.106」というIPアドレスを検索すると，次のように表示されます。

```
[ JPNIC database provides information regarding IP address and ASN. Its use    ]
[ is restricted to network administration purposes. For further information,   ]
[ use 'whois -h whois.nic.ad.jp help'. To only display English output,         ]
[ add '/e' at the end of command, e.g. 'whois -h whois.nic.ad.jp xxx/e'.       ]

Network Information:
a. [Network Number]            153.219.0.0/17
b. [Network Name]              OCN
g. [Organization]              Open Computer Network
m. [Administrative Contact]    JP00009614
n. [Technical Contact]         JP00009427
p. [Nameserver]                ns-kg003.ocn.ad.jp
p. [Nameserver]                ns-kn003.ocn.ad.jp
[Assigned Date]                2014/03/17
[Return Date]
[Last Update]                  2014/03/17 14:53:03(JST)

Less Specific Info.
----------
NTT COMMUNICATIONS CORPORATION
                   [Allocation]                  153.128.0.0-153.253.255.255

More Specific Info.
----------
No match!!
```

▶引用元：https://ja.asuka.io/whois/153.219.117.106

　ここから，ネットワーク名がOCNだと分かります。そして，上位情報としてエヌ・ティ・ティ・コミュニケーションズ株式会社という表示もされています。OCNは，同社が提供しているサービスですので，仮に上位情報という記載がなくても，同社が保有しているIPアドレスだと分かります。このように，WHOISを利用することで，APがどこか分かることになります。

　ただし，WHOISの情報が不正確な場合もあるため注意も必要です。す

なわち，AP が合併するなどして実際の提供元は異なっているものの，WHOIS 情報が更新されていないため旧会社のものが表示されている，といったケースです。このようなケースでは，古い情報に基づいた開示請求を行っても，請求先が異なるとされてしまう可能性が高いといえます。そのため，WHOIS で表示された会社がその時点でも存在している会社であるかどうか，インターネット検索などしてみるとよいでしょう。

　AP がどこかが分かれば，契約者の情報開示を求めることになります。AP に対して開示を求める情報は，氏名または名称，住所，電話番号，メールアドレスとなります。請求を受けた AP は，IP アドレス，タイムスタンプ等の情報から，該当の契約者がいるかどうか調査し，開示をしていくことになります。注意点としては，開示される情報は，基本的にはあくまでも AP の契約者情報であって，実際の投稿者とは限らないという点です。たとえば，実際の投稿者は子や社員であるものの，契約者は親や会社であるといったケースがあり得るわけです。そのため，発信者として予想していた者が開示された場合は問題ないかもしれませんが，知らない者などが開示された場合は，さらに住民票を取得するとか，開示された会社への問い合わせをするといったことにより，発信者を確定する作業が必要になります。

　なお，WHOIS の情報自体が間違っているわけではないものの，請求先に情報がないといった場合もないわけではありません。格安 SIM，格安スマホなどといわれる仮想移動体通信事業者（Mobile Virtual Network Operator（MVNO））がサービス提供をしている場合があり，MVNO は移動体通信事業者（Mobile Network Operator（MNO）≒携帯電話会社）から通信設備などを借り入れて独自ブランドでサービス提供をしていますが，WHOIS 情報としては，借入元の MNO の情報が表示されます。この場合は，外部的には調べようがないため，MNO に対して開示請求をしていくことになり，MNO からは，「この回線は MVNO に貸し出しているものであるため，この会社に対して請求をしてほしい」といった回答が届

くことになるため，これを元にさらに MVNO に対して開示請求をしていくことになります。

　同様に，ケーブルテレビネットワークを提供する JCOM 株式会社の場合は，WHOIS 情報としては JCOM 株式会社が表示されることが多いですが，実際に契約者情報を保有しているのは各エリア会社となります。そのため，JCOM 株式会社に開示請求を行うことで，実際に使用されているエリア会社の情報を得ることができるため，これを元にさらにエリア会社に対して開示請求をしていくことになります。

③　意見聴取

　開示請求を受けた CP や AP は，開示請求に応じるかどうかについて，発信者の意見を聴かなければならないとされており，開示請求に応じるべきでない旨の意見である場合には，その理由も聴取する必要があるとされます（プロバイダ責任制限法 6 条 1 項）。

　もっとも，発信者と連絡することができない場合その他特別の事情がある場合は，意見聴取の必要はないとされています。たとえば，インターネット掲示板やログインが不要なクチコミサービスの場合は，運営者側も投稿した者の連絡先を知らないため，意見聴取をすることができないため，それをする必要はないことになります。

　なお，メールアドレス等を保有している CP は意見聴取が可能ですが，CP への開示請求時点で意見聴取の結果が提示されたことはなく，どこまで意見聴取をしているかは必ずしも明らかではないですが，AP はほぼすべて意見聴取を行っています。そのため，遅くても AP への開示請求をした時点で，発信者は開示請求を受けているということを認識する可能性が高いといえます。

（2）　テレサ書式による開示請求

①　請求の手順

　第 3 章の削除依頼に用いた送信防止措置依頼書と同じように，プロバ

イダ責任制限法ガイドライン等検討協議会が公開する「発信者情報開示請求書」という書式があります（業界的にはこれも「テレサ書式」と呼んでいます）。これを用いて，CP，AP に対して開示請求をしていくことが可能です。なお，テレサ書式による開示請求は，あくまでも国内の事業者に対して行うことを前提にされています。そのため，Twitter，Instagram，Google 等の国外の事業者への開示請求に用いることは，これまではできませんでした。しかし，2022年7月以降，法務省の要請に基づいて，各社が外国会社の登記を行いました。これにより，外国企業が日本における代表者を設けたことから，登記がされた外国会社に対しては，テレサ書式による開示請求ができる余地があります。ただし，テレサ書式による開示請求に対して，どこまで対応してくれるかは本書執筆時点（2022年9月）では明らかではありません。

　請求者は，必要事項を記入した請求書（テレサ書式），請求者の本人性を確認できる資料，インターネット上で権利侵害されたことを証する資料，その他の必要な資料を提出することにより行いますが，原則として書面によって行うこととされています。通常は郵送することによって行いますが，継続的なやりとりがある場合などでは，電子メール，ファックス等による請求が認められるとされています。

　本人性を確認できる資料としては，個人の場合は，たとえば，運転免許証，マイナンバーカード，パスポート等の公的証明書の写しや印鑑証明書の原本，法人の場合は登記事項証明書や印鑑証明書の原本（いずれも発行から3か月以内）が挙げられます。なお，請求者の代理人が弁護士である場合は，その弁護士が本人性を確認していることを表明している場合は，本人性を証明する資料の添付を省略することができるとされています。

　インターネット上で権利侵害されたことを証する資料とは，インターネット上に問題の書込みが存在していたことが分かる資料のことであり，証拠として保存した PDF やスクリーンショットを指します。

　CP，AP が書類を受け取ると，書類の不備等を確認し，問題があれば請

求者に補正を依頼します。問題がなければ，請求されている発信者情報を保有しているか否かを確認し，保有が確認できれば発信者に意見聴取を行うことになります。意見聴取の期間は法律で定まっているわけではないですが，ガイドライン上では，2週間を経過しても回答がない場合には，「権利が侵害されたことが明らか」（プロバイダ責任制限法5条1項1号）といえるかどうかの検討を開始することとされているため，2週間の期間が定められることが多いといえます。

　意見聴取の結果，発信者が請求に同意すれば発信者情報が開示されることになります。他方で，同意がされない場合には，「権利が侵害されたことが明らか」かどうかを検討の上で開示・非開示が決まります（ただし，明らかとはいえないとして，開示がされない例の方が多いのが実際です）。

② テレサ書式の記載方法

　テレサ書式の記載方法を説明します。テレサ書式は，**資料4-3-3**のような形になっています（こちらは，公開されている書式を元に筆者が作成したものです）。

■■ 資料4-3-3	「発信者情報開示請求書」

年　　月　　日

至　　［開示関係役務提供者の名称］御中

［権利を侵害されたと主張する者］
住所
氏名　　　　　　　　　　　印
連作先

発信者情報開示請求書

　［貴社・貴殿］が管理する特定電気通信設備に掲載された下記の情報の流通により、私の権利が侵害されたので、特定電気通信役務提供者の損害賠償責任の制限及び発信者情報の開示に関する法律（プロバイダ責任制限法。以下「法」といいます）［第5条第1項・第5条第2項］に基づき、［貴社・貴殿］が保有する、下記記載の、侵害情報の発信者の特定に資する情報（以下「発信者情報」といいます）を開示下さるよう、請求します。
　なお、万一、本請求書の記載事項（添付・追加資料を含みます）に虚偽の事実が含まれており、その結果、［貴社・貴殿］が発信者情報を開示された加入者等から苦情又は損害賠償請求等を受けた場合には、私が責任をもって対処いたします。

記

［貴社・貴殿］が管理する特定電気通信設備又は侵害関連通信の用に供される電気通信設備		
掲載された情報		
侵害情報等	侵害された権利	
	権利が明らかに侵害されたとする理由	
	発信者情報の開示を受けるべき正当理由（複数選択可）	1. 損害賠償請求権の行使のために必要であるため 2. 謝罪広告等の名誉回復措置の要請のために必要であるため 3. 差止請求権の行使のために必要であるため 4. 発信者に対する削除要請のために必要であるため 5. その他（具体的にご記入ください）
	開示を請求する発信者情報（複数選択可）	1. 発信者その他侵害情報の送信又は侵害関連通信に係る者の氏名又は名称 2. 発信者その他侵害情報の送信又は侵害関連通信に係る者の住所 3. 発信者その他侵害情報の送信又は侵害関連通信に係る者の電話番号 4. 発信者その他侵害情報の送信又は侵害関連通信に係る者の電子メールアドレス 5. 侵害情報が流通した際の、当該発信者の IP アドレス及び当該 IP アドレスと組み合わされたポート番号 6. 侵害情報の送信に係る移動端末設備からのインターネット接続サービス利用者識別符号 7. 侵害情報の送信に係るSIMカード識別番号 8. 5ないし7から侵害情報が送信された年月日及び時刻 9. 専ら侵害関連通信に係る IP アドレス及び当該 IP アドレスと組み合わされたポート番号 10.. 専ら侵害情報に係る移動端末設備からのインターネット接続サービス利用者識別符号 11. 専ら侵害関連通信に係るSIMカード識別番号 12. 専ら侵害関連通信に係るSMS電話番号 13. 9ないし 12 から侵害関連通信が行われた年月日及び時刻 14. 発信者その他侵害情報の送信又は侵害関連通信に係る者についての利用管理符号
	証拠	添付別紙参照

発信者に示したくない私の情報（複数選択可）	1. 氏名（個人の場合に限る） 2. 「権利が明らかに侵害されたとする理由」欄記載事項 3. 添付した証拠
弁護士が代理人として請求する際に本人性を証明する資料の添付を省略する場合	□　私（代理人弁護士）が、請求者が間違いなく本人であることを確認しています。 ※上記チェックボックス（□）にチェックしてください。

以上

　まず，左上の「［開示関係役務提供者の名称］」には，開示を請求する相手となる CP，AP 等の名称を記載します。

　「［権利を侵害されたと主張する者］」には，自身の住所，氏名等を記載します。会社であれば，氏名には会社名とともに，連絡先として実務の対応をしている担当者の名前，電話番号，メールアドレスなどを記載します。また，氏名の横には印を押すようにされていますが，個人であれば認印でも足りることも多い反面，法人であれば実印を押すことが要求されることが多いです。

　次に，表の 1 番上の「［貴社・貴殿］が管理する特定電気通信設備又は侵害関連通信の用に供される電気通信設備」に記載するべきことは，CP と AP では異なっています。特定電気通信設備とは，ネットを利用するために用いられている設備（サーバなど）を指すものですが，CP に対する請求の場合は，原則として URL を記載することで足ります。URL は，どのサーバにアクセスするべきかを示す住所のようなものであるため，CP に対する請求の場合は URL を明記すればよいのです。ただし，**第 3 章**の送信防止措置依頼書と同様に，問題の書込みがある個別具体的な箇所を明示する必要があります。掲示板であれば個別のスレッドのどのレス番号の書込みなのか，ブログであればどの記事なのか，ということを記載しなければなりません。

　他方，AP に対する請求の場合は IP アドレス，タイムスタンプのほか，

当該 IP アドレスと組み合わされた接続元（送信元）ポート番号，接続先 IP アドレス等，発信者の特定に資する情報を明示する必要があるとされています。AP に対する請求の場合は，URL は CP が管理するものであるため AP のサーバとは無関係です。そのため，AP が割り当てている IP アドレス等や，通信を特定するためのその他の情報を提供する必要があります。このような内容をこの欄に記載しきることは難しいため，筆者は「別紙投稿記事目録記載のとおり」などとして，別紙に投稿記事目録を添付する形をとっています。

■■ 資料 4-3-4　AP に対するテレサ書式 別紙投稿記事目録

（別紙）投稿記事目録

　1
閲覧用 URL：htttps：//xxx12345.net/test/read.cgi/12345678/
レス番号：1
投稿日時：2022/07/31（日）07：48：12.29
投稿内容：もしもしもしもケータイショップ城南店の店員横田は詐欺師。
　　　　　こいつは東京都城南区城南平1-2-34-506に住んでる。
IP アドレス：123.456.78.90
接続先 IP アドレス：98.765.43.21

　2
……

　表の2番目の「掲載された情報」には，問題の書込みがどのような内容を含んでいるのかを要約すればよいです。内容自体が短いものであれば，その内容をコピー＆ペーストしても問題ありません。

　表の3番目の「侵害された権利」には，名誉権やプライバシー権といった記載をすればよいです。これは次の「権利が明らかに侵害されたとする理由」に記載する内容と密接にかかわるので，2つの整合性を図ってください。

　表の4番目の「権利が明らかに侵害されたとする理由」ですが，書込

みの内容が自身を指していることとその理由，書込みが自分の権利を侵害していることを説明します。その説明には，背景事情も含めて書くとともに，違法性阻却事由がないことも説明しましょう。ところで，項目名が，送信防止措置依頼では「権利が侵害されたとする理由」となっていたのに対して，発信者情報開示請求では「権利が明らかに侵害されたとする理由」となっています。両者の違いは「明らかに」という言葉の有無ですが，これはプロバイダ責任制限法5条1項1号，同条2項1号が「権利が侵害されたことが明らかであるとき」という要件を定めていることから生じる違いです。

「明らか」とは，権利の侵害がなされたことが明白であるという趣旨であり，不法行為等の成立を阻却する事由の存在をうかがわせるような事情が存在しないことまでを意味するとされています。阻却というのは，要は，妨げる事情ということであり，違法性がないことをうかがわせる事情がないことを説明する必要があるとされています。なお，発信者の主観など請求者が感知し得ない事情まで請求者が主張・立証責任を負うものではないと解されています。

表の5番目の「発信者情報の開示を受けるべき正当理由」には，あてはまるものに丸をつければよいです。正当理由がないとされるものの代表例としては，嫌がらせ目的という場合が考えられます。わざわざ嫌がらせ目的があるとここに書く人はいませんが，状況から判断して嫌がらせ目的であるとされる例もあるので，注意が必要です。たとえば，開示請求をしている人がSNSなどで法的責任の追及以外の嫌がらせをすることをほのめかしている場合，開示請求自体が嫌がらせ目的だと判断されて，開示に正当な理由がないとされることが考えられます。誹謗中傷で怒りを感じても，普段のネット上での言動には常に気をつけましょう。

表の6番目の「開示を請求する発信者情報」には，開示を求めたい情報に丸をつければよいですが，CPとAPに対する請求ではそれぞれ丸を

つける対象が異なります。CPに対する請求の場合は，CPが保有している可能性がある情報である3～14に丸をつけ，APに対する請求の場合は，APが保有しているであろう1～4に丸をつけます。

　CPは基本的にはサーバにアクセスされた履歴に関する情報しか保有していないと考えておいた方が良いですが，登録時にメールアドレスや電話番号が要求されるサイトであれば，それらも保有している可能性があるため，3，4にも丸をつけておいてもよいでしょう。また，サイトによっては，氏名や住所まで保有していると想定されるのであれば，1，2についても丸をつけても問題ありません。

　発信者情報開示請求書の記載例(CPに対するもの)は，次のとおりです。**第1章1事例1**の横田愛梨紗さんの事例をもとにしています。

▪▪ 資料4-3-5 　「発信者情報開示請求書」記載例

［貴社・貴殿］が管理する特定電気通信設備又は侵害関連通信の用に供される電気通信設備		https://xxx12345.net/test/read.cgi/12345678/ レス番号：1, 2, 3, 4
掲載された情報		私の氏名，住所，携帯電話番号などのプライバシー情報 私が詐欺師であるという情報
侵害情報等	侵害された権利	プライバシー権 名誉権
	権利が明らかに侵害されたとする理由	掲示板に私の氏名，住所，携帯電話番号が書かれており，私のプライバシーが侵害されています。書込みを見つけたのは最近ですが，書き込まれた後位から，私の自宅には頼んだ覚えのない通信販売のカタログが届けられたり，不審な電話がかかってきたりすることが続いており，非常に不安です。 　また，私が詐欺師だと書かれていますが，私は携帯電話ショップの一店員に過ぎません。詐欺師などといわれるのは心外です。この書込みにより私の社会的評価も低下しています。
	発信者情報の開示を受けるべき正当理由（複数選択可）	①．損害賠償請求権の行使のために必要であるため ②．謝罪広告等の名誉回復措置の要請のために必要であるため ③．差止請求権の行使のために必要であるため ④．発信者に対する削除要請のために必要であるため

		5．その他（具体的にご記入ください）
	開示を請求する発信者情報(複数選択可)	①．発信者その他侵害情報の送信又は侵害関連通信に係る者の氏名又は名称 ②．発信者その他侵害情報の送信又は侵害関連通信に係る者の住所 ③．発信者その他侵害情報の送信又は侵害関連通信に係る者の電話番号 ④．発信者その他侵害情報の送信又は侵害関連通信に係る者の電子メールアドレス ⑤．侵害情報が流通した際の，当該発信者のIPアドレス及び当該IPアドレスと組み合わされたポート番号 ⑥．侵害情報の送信に係る移動端末設備からのインターネット接続サービス利用者識別符号 ⑦．侵害情報の送信に係るＳＩＭカード識別番号 ⑧．5ないし7から侵害情報が送信された年月日及び時刻 9．専ら侵害関連通信に係るIPアドレス及び当該IPアドレスと組み合わされたポート番号 10．専ら侵害情報に係る移動端末設備からのインターネット接続サービス利用者識別符号 11．専ら侵害関連通信に係るＳＩＭカード識別番号 12．専ら侵害関連通信に係るＳＭＳ電話番号 13．9ないし12から侵害関連通信が行われた年月日及び時刻 14．発信者その他侵害情報の送信又は侵害関連通信に係る者についての利用管理符号
	証拠	添付別紙参照
発信者に示したくない私の情報（複数選択可）		①．氏名（個人の場合に限る） 2．「権利が明らかに侵害されたとする理由」欄記載事項 ③．添付した証拠
弁護士が代理人として請求する際に本人性を証明する資料の添付を省略する場合		□　私（代理人弁護士）が，請求者が間違いなく本人であることを確認しています。 ※上記チェックボックス（□）にチェックしてください。

（3）　仮処分→本案（通常の裁判）による開示請求

①　発信者情報開示請求仮処分

　発信者情報開示請求仮処分は，CPに対してIPアドレス，タイムスタンプ等の情報の開示請求をする場合に用いることができます。なお，後述(4)において，新しい裁判手続について説明していますが，この新しい裁判手続は，これまでの手続に加えて導入されたものと説明されてお

り，これまでどおり仮処分→本案という手続きも利用可能です。

　仮処分が認められるためには，次の2つの点が認められる必要があります。

　　ⓐ発信者情報開示請求権があること

　　ⓑ早急に決定が出ないと回復できないような損害が生じるおそれがあること

　ⓐについては，具体的には，相手方（債務者）が持つ特定電気通信設備を侵害通信に用いられたことの説明や，自身の権利が侵害されたことの説明などを行います。

　ⓑは，保全の必要性（民事保全法23条1項）と呼ばれるものです。CPもAPも，通信記録（ログ）を保存している期間は3か月程度長くても6か月程度のことが多いことから，早急にIPアドレス等の情報開示をしてもらえないとログが消えてしまい，書込みをした人物の特定ができなくなってしまいます。そこで，早期にCPから情報を得て，APに対して開示請求をしなければ，APの保有するログがなくなってしまい，開示請求ができなくなってしまうおそれがあります。そのため，この点を指摘することで，ⓑの要件を満たすことを説明することが必要です。なお，この保全の必要性の要件の関係で，仮処分によっては電話番号やメールアドレスの開示請求を行うことはできません。電話番号やメールアドレスは，時間が経過しても削除されてしまう情報ではないためです。

　仮処分では，双方審尋という手続きが原則として必要とされており（民事保全法23条4項），債務者に立ち会って反論をする機会を与えることが必要です。CPがどのくらい争ってくるかは，投稿内容次第，あるいはCPのスタンス次第ともいえますが，相当程度争ってくるCPも少なくないことから，どのような根拠で請求が認められるべきなのか，十分に説明できる準備をしておくべきです。

　裁判所が申立てに一応の理由があると判断した場合，おおむね10万円の担保金を条件に決定を出してくれ，決定が出れば多くのCPは開示に

応じます。

申立書の例は，次の通りです。**第1章1事例8**の山崎佑三さんをもと
にしています。

■■ 資料4-3-6	発信者情報開示請求命令申立書の記載例

発信者情報開示請求仮処分命令申立書

収入
印紙

令和4年12月6日

東京地方裁判所民事第9部　御中

　　　　　　　　　　債権者代理人弁護士　甲　野　太　郎　印

当事者の表示　　　　　　　別紙当事者目録記載のとおり
仮処分により保全すべき権利　発信者情報開示請求権

申立ての趣旨
　債務者は，債権者に対し，別紙発信者情報目録記載の各情報を仮に開示せよ
との裁判を求める。

申立ての理由
第1　債務者
　　　債務者は，インターネット掲示板「アンダーグラウンド掲示板」（以下「本件掲
　　示板」という。）を管理・運営する株式会社である（疎甲2）。
第2　被保全権利
　1　権利侵害の明白性
　　　本件掲示板では，氏名不詳者により，別紙投稿記事目録記載にかかる投稿（以
　　下，「本件各投稿」という。）がなされた（疎甲1）。
　　　本件各投稿は，別紙権利侵害の説明記載のとおり，債権者の人格権を侵害し，
　　違法性阻却事由は存在していない。したがって，本件各投稿は債権者の権利を明
　　白に侵害している。
　2　開示関係役務提供者
　　　本件各投稿は，不特定の者が自由に閲覧でき，「不特定の者によって受信され
　　ることを目的とする電気通信の送信」（特定電気通信役務提供者の損害賠償の制
　　限及び発信者情報の開示に関する法律（以下「法」という。））2条1号）に該当
　　し，「情報の流通により」（法5条1項）されたものである。
　　　そのため，当該権利侵害の投稿内容が保存されているサーバーコンピュータは
　　「特定電気通信の用に供される電気通信設備」（法5条1項）にあたる。
　　　そして債務者は，上記特定電気通信設備を用いて，本件掲示板への投稿と閲覧
　　を媒介し，または特定電気通信設備をこれら他人の通信の用に供する者だから，
　　「特定電気通信役務提供者」（法2条3号）にあたる。
　　　したがって，債務者は，「開示関係役務提供者」（法第2条7号）に当たる。

3 　正当な理由

　　　債権者は，本件各投稿の発信者に対し，上記の権利侵害を理由として，不法行
　　為に基づく損害賠償請求等の準備をしている。そのためには，本件各投稿の投稿
　　者にかかる発信者情報が必要であって，発信者情報の開示を求める正当理由があ
　　る。

4 　アクセスログの保有

　　　債務者はアクセスログとして，本件各投稿につき別紙発信者情報目録記載のＩ
　　Ｐアドレスとタイムスタンプの記録を保有している。

5 　小括

　　　したがって，債権者は債務者に対し，被保全権利として発信者情報開示請求権
　　を有する。

第3 　保全の必要性

1 　早期開示の必要性

　　　債権者が発信者に対し損害賠償等を請求するには，①債務者からＩＰアドレス
　　とタイムスタンプの開示を受けたあと，②このＩＰアドレスを保有するアクセス
　　プロバイダに対し，動的ＩＰアドレスの割当先である会員について，氏名および
　　住所の開示を求めることが不可欠である。しかし，アクセスログの保存期間は，
　　アクセスプロバイダによって異なるものの，多くが3〜6か月，長くて1年程度
　　である（疎甲3）。

　　　したがって，ＩＰアドレス等の開示の本案訴訟を提起しても，請求が容認され
　　た時点ではアクセスプロバイダのアクセスログは削除されている蓋然性が高く，
　　そうなれば発信者に対する損害賠償等の請求の機会を失うことになる。

2 　小括

　　　したがって，債権者は債務者に対し，損害賠償請求権が行使できなくなる事態
　　を防ぐため，発信者情報の開示を仮に求めておく必要がある。

疎 明 方 法

1	疎甲第1号証	本件投稿
2	疎甲第2号証	インターネット掲示板の運営者情報
3	疎甲第3号証	民事保全の実務（第4版）（上）
4	疎甲第4号証	車検証
5	疎甲第5号証	陳述書

添 付 資 料

1	疎甲号証写し	各1通
2	疎明資料説明書	1通
3	訴訟委任状	1通
4	資格証明書	1通

▪▪ 資料 4-3-7　　権利侵害の説明

（別紙）権利侵害の説明

1 　同定可能性

　　　本件掲示板では，別紙投稿記事目録のとおり「【社内不倫】東都ほがらか銀行【や

めようよ】」というタイトルのスレッドが作られ（以下「本件スレッド」という。），債権者が不倫をしているという投稿が複数回に亘ってなされた。

　　本件スレッドは，東都ほがらか銀行に関するスレッドであり，投稿内容において債権者の使用する自動車のナンバーが明記されていることから（疎甲４），投稿は債権者についてされたものであることは明らかである。

2　名誉権侵害

(1)　債権者が不倫をしている，不倫相手を妊娠させて，中絶を強要したといった記載がされている。不倫は公序良俗に反することとされ，社会的にも問題ある行為であると認識されている。したがって，かかる内容は債権者の社会的評価を低下させるものである。

(2)　債権者は，これまで不倫をしたことはなく，それゆえ不倫相手を妊娠させたり中絶させたりということもない（疎甲５）。したがって，投稿された内容は真実ではない。そして，真実ではないにもかかわらず，債権者をもって詐欺師であるなどと断じていることは，もっぱら嫌がらせ目的に出たものと考えざるを得ず，公益目的は存しない。

　　したがって，違法性阻却事由は存在していない。

(3)　よって，本件投稿は，債権者の名誉権を侵害する。

　タイトルは，「発信者情報開示請求仮処分命令申立書」としていますが，単に「仮処分命令申立書」でも問題ありません。収入印紙は，2000円です。

　申立先となる裁判所（管轄裁判所）は，債務者の普通裁判籍の所在地を管轄する裁判所（民事保全法12条１項，民訴４条）となり，普通裁判籍は基本的には債務者の住所により定まります。東京にある会社がCPである場合は，東京地方裁判所が管轄裁判所になりますが，東京地方裁判所では民事第９部というところが保全事件を取り扱っているため，民事第９部宛としています。なお，管轄が同じであれば，削除仮処分と発信者情報開示仮処分を１つの申立てで行うことができます。

　当事者の表示は別紙に当事者目録という形でまとめ，「仮処分により保全すべき権利」（被保全権利）は，「発信者情報開示請求権」とします。

　申立ての趣旨は，基本的にすべてこの形で問題なく，債務者によって発信者情報目録の書き方を工夫することで対応します（後述）。

　申立ての理由では，権利侵害が「明らか」といえる事情を主張，疎明する必要があり，権利侵害があることに加え，違法性がないことをうか

がわせる事情がないことを説明する必要がありますが，権利侵害の説明などとして，**資料4-3-7**のようにまとめると見やすくなります。

　また，債務者が開示関係役務提供者に当たることの説明に加え，「正当な理由」があることを主張します。正当な理由は，嫌がらせ目的でないことを指摘できればよく，損害賠償請求を予定していること等を指摘すれば足ります。そして，忘れがちですが，債務者が開示請求の対象となる情報を「保有」していることの主張が必要です。実際に債務者が情報を保有しているかどうかは分からないのですが，この点は債務者が認否をすることで判明することになるため，「保有している」と言い切ってしまって問題ありません。

　そして，保全手続（仮処分）でなければログが削除される蓋然性が高いことを説明し，保全の必要性が満たされることを指摘します。

　発信者情報目録の書き方ですが，基本形は以下になります。

■■ 資料 4-3-8	発信者情報目録の基本形

（別紙）発信者情報目録

1　別紙投稿記事目録記載にかかる投稿記事を投稿した際に使用されたアイ・ピー・アドレス及び当該アイ・ピー・アドレスと組み合わされたポート番号
2　前項のアイ・ピー・アドレスが割り当てられた電気通信設備から，債務者の用いる特定電気通信設備に前項の投稿記事が送信された年月日及び時刻

　この形は，国内の掲示板やブログ等に投稿されているようなケースに用いることになります。もっとも，この目録では「当該アイ・ピー・アドレスと組み合わされたポート番号」の開示も請求していますが，多くのCPはポート番号を記録していないことから，保有していないとして，この部分の訂正（削除）を求められることが通常です。

　それ以外の代表的なSNSに対する発信者情報目録の書き方は以下のとおりです。ただし，これらはいわゆるログイン型と言われるサイトに関する法改正前の目録です。

■■ 資料 4-3-9　　Twitter に対する発信者情報目録

> （別紙）発信者情報目録
>
> 　下記のアカウントにログインした際のアイ・ピー・アドレス及びタイムスタンプの
> うち，２０２２年１０月１日以降のもので，債務者が保有するもの全て。
> 記
> ユーザー名：@xxxxxxxxxxxxxxx

■■ 資料 4-3-10　　Instagram に対する発信者情報目録

> （別紙）発信者情報目録
>
> 　ユーザーアカウント「https：//www.instagram.com/xxxxxxxxxx/」について，２０
> ２２年１０月１日以降のログインに関する年月日，時刻並びにアイ・ピー・アドレス。
> ただし，当該情報が入手可能であるものに限る。

＊Facebook も同様の形式です。

■■ 資料 4-3-11　　Google に対する発信者情報目録

> （別紙）発信者情報目録
>
> 1　別紙投稿記事目録記載の投稿記事の投稿に用いられたアカウントに，投稿直前に
> ログインした際のアイ・ピー・アドレス。ただし，裁判所が発令する日において債
> 務者が保有しかつ直ちに利用可能なものに限る。
> 2　前項のアイ・ピー・アドレスが割り当てられた電気通信設備から，債務者の用い
> る特定電気通信設備に前項のログイン情報が送信された年月日及び時刻。ただし，
> 裁判所が発令する日において債務者が保有しかつ直ちに利用可能なものに限る。

　改正法に伴って定められた施行規則においては，ログイン型について
開示する対象が定められたため，今後，目録の内容は変わってくると思
われます。どのような目録になるかは本書執筆時点では不明と言わざる
を得ませんが，叩き台として，目録案を示しておきます。

■■ 資料 4-3-12　　ログイン型における発信者情報目録（案）

> 　別紙投稿記事目録記載の投稿（以下「侵害情報」という。）の送信が行われたアカウント
> （@xxxxx，「以下「本件アカウント」という。）と相当の関連性を有する識別符号
> その他の符号の電気通信による送信（以下「侵害関連通信」という。）であって，下記
> の各情報。
> 記
> 1　本件アカウントの利用に係る契約を申し込むために行った，又は当該契約をしよ
> うとする者であることの確認を受ける際に用いられたアイ・ピー・アドレス，及び
> 同アイ・ピー・アドレスと組み合わされた接続元ポート番号

2　本件アカウントにログインした際のアイ・ピー・アドレス，及び同アイ・ピー・アドレスと組み合わされた接続元ポート番号
3　本件アカウントにログアウトした際のアイ・ピー・アドレス，及び同アイ・ピー・アドレスと組み合わされた接続元ポート番号
4　本件アカウンの利用を終了する際に用いられたアイ・ピー・アドレス，及び同アイ・ピー・アドレスと組み合わされた接続元ポート番号
5　前1〜4項の各アイ・ピー・アドレスが割り当てられた電気通信設備から各情報が送信された年月日及び時刻

②　ログの保存請求

　CPからIPアドレス等の情報を取得することができれば，次はAPに対する契約者情報の開示請求を行うことになります。ここで，いきなりAPに対して開示を求める本案（通常の裁判）をしてもよいのですが，まずはログ保存の請求をした方が良いといえます。

　ログ保存期間はAPによりますが，3か月程度にとどまることが多いことは説明したとおりです。そして，この期間はAPのサーバに接続されたときから起算されるものであり，CPから情報が開示されたときから起算されるわけではありません。CPからの開示には一定程度時間がかかっていることから，APのログが消えてしまうまでの期間は1か月以内程度にまで短くなってしまっていることが多くあり，早々にAPへの開示請求をしないと特定が不可能になってしまいます。

　裁判となると，訴状の作成等に一定の時間がかかるほか，裁判所が行う訴状審査にも一定の時間がかかり，APに訴状等が送達されるまでに時間がかかってしまいます。そうすると，その間にログが消えてしまうリスクが生じます。しかも，IPアドレスから判明するAPがMNOである場合などもあり得，その場合は答弁書が提出されるまでにさらに1〜2か月程度がかかってしまいかねず，ログが消えるリスクが高まります。そこで，APに対して，何らかの方法でログを保存するよう請求しておくことが重要になります。

　一番簡単な方法は，テレサ書式による開示請求をAPに対して送ることです。これによって，APに実際にログが存在していれば，ログの調査

と発信者への意見聴取までは行ってくれることになります。意見聴取は書面によってされることが通常であるため，この時点でAPには記録が残ることになり，結果としてログが保存されることになります。また仮に，契約者情報を実際に保有しているのがMVNOなどのケースであっても，早々にMVNOの情報を教えてもらえる可能性が高く，ログが保存できるケースが増えることになります。

　もっとも，ソフトバンクのスマートフォン回線については，接続先ポート番号や接続先IPアドレスといった情報が一義的に明らかになっているといった事情がない限り，テレサ書式による開示請求ではログの保存のみならず，ログの有無の調査もしてくれないという問題があります。そこで，ソフトバンクのスマートフォン回線であることが明らかになった場合で，接続先ポート番号や接続先IPアドレスが一義的に明らかではないときは，速やかに「発信者情報消去禁止仮処分」を申し立てることが必要になります。

　申立書の記載例は次のとおりであり，管轄その他の注意事項については，発信者情報開示請求命令申立書の場合と同様です。**第1章1事例8**の山崎佑三さんをもとにしています。

■■ **資料4-3-13**　　**発信者情報消去禁止仮処分命令申立書の記載例**

発信者情報消去禁止仮処分命令申立書

収入
印紙

令和5年1月5日

東京地方裁判所民事第9部　御中

債権者代理人弁護士　甲　野　太　郎　印

当事者の表示　　　　　　　別紙当事者目録記載のとおり
仮処分により保全すべき権利　発信者情報開示請求権

申立ての趣旨
　債務者は，別紙投稿記事目録記載の各投稿記事にかかる別紙発信者情報目録記載の各情報を消去してはならない
　　との裁判を求める。

申立ての理由

第1　被保全権利
　1　権利侵害の明白性
　　　債権者は，インターネット掲示板「アンダーグラウンド掲示板」（以下「本件掲示板」という。）において，氏名不詳者により，別紙投稿記事目録記載にかかる投稿（以下，「本件各投稿」という。）を受けた（疎甲1）。
　　　本件各投稿は，別紙権利侵害の説明記載のとおり，債権者の人格権を侵害し，違法性阻却事由は存在していない。したがって，本件各投稿は債権者の権利を明白に侵害している。
　2　掲示板管理者からの発信者情報の開示
　　　本件申立てに先立ち，債権者は，本件サイトの管理会社からIPアドレス等の発信者情報の開示を得た（疎甲2，3）。
　　　開示された情報によると，本件各投稿は債務者を経由して投稿されたものである（疎甲4）。
　3　開示関係役務提供者
　　　本件各投稿は，不特定の者が自由に閲覧でき，「不特定の者によって受信されることを目的とする電気通信の送信」（特定電気通信役務提供者の損害賠償の制限及び発信者情報の開示に関する法律（以下「法」という。）2条1号）に該当し，「情報の流通により」（法5条1項）されたものである。そのため，当該権利侵害の投稿内容が保存されているサーバーコンピュータは「特定電気通信の用に供される電気通信設備」（法5条1項）にあたる。
　　　そして債務者は，上記特定電気通信設備を用いて，本件掲示板への投稿と閲覧を媒介し，または特定電気通信設備をこれら他人の通信の用に供する者だから，「特定電気通信役務提供者」（法2条3号）にあたる。
　　　したがって，債務者は，「開示関係役務提供者」（法第2条7号）に当たる。
　4　アクセスログの保有
　　　債務者はアクセスログとして，本件各投稿につき別紙発信者情報目録記載のIPアドレスとタイムスタンプの記録を保有している。
　5　小括
　　　したがって，債権者は債務者に対し，被保全権利として発信者情報開示請求権を有する。
第3　保全の必要性
　1　債務者の保有する情報
　　　債務者は通信ログとして，各投稿に使用されたIPアドレス及び同アドレスの割当日時等の記録及び契約者情報として，上記IPアドレス使用者の住所氏名，メールアドレス等の情報を保有している。
　2　通信ログ保存の必要性
　　　債務者を含めインターネットサービスプロバイダは，通信ログを3か月程度しか保存していない（疎甲5）。そのため，発信者情報開示の本案訴訟を経たあとでは，もはや通信ログがなく，投稿者に対する損害賠償請求が不可能になるおそれがある。
　3　小括
　　　したがって，債権者は債務者に対し，発信者情報の消去禁止を仮に求めておく必要がある。

疎　明　方　法

1　疎甲第1号証　　　　本件投稿
2　疎甲第2号証　　　　仮処分決定正本（写し）
3　疎甲第3号証　　　　回答書（開示通知）
4　疎甲第4号証　　　　WHOIS
5　疎甲第5号証　　　　民事保全の実務（第4版）（上）
6　疎甲第6号証　　　　車検証
7　疎甲第7号証　　　　陳述書

■■ **資料 4-3-14**　発信者情報消去禁止仮処分命令申立書における発信者情報目録の記載例

（別紙）発信者情報目録

　別紙投稿記事目録にかかるIPアドレスを，同目録記載のタイムスタンプころに使用して同目録記載の接続先IPアドレスのいずれかに接続した者に関する情報であって，次に掲げるもの
1　氏名または名称
2　住所
3　電話番号
4　電子メールアドレス

■■ **資料 4-3-15**　「投稿記事目録」記載例

（別紙）投稿記事目録

スレッド名	：【社内不倫】東都ほがらか銀行【やめようよ】
閲覧用 URL	：http://www.underground12345.net/test/read.cgi/12345678/
レス番号	：26
投稿日時	：2022/10/03（月）19:45:26.93
IP アドレス	：12.345.67.89
投稿内容	：不倫相手とのお出かけは愛車のベンツ　城西300あ1234　目撃情報多数
タイムスタンプ	：2022/10/3（月）17:41:27
接続先 IP アドレス	：456.78.90.123

　発信者情報消去禁止仮処分では，あくまでログを消すなという内容でAPに過大な負担を強いるものではないこともあり，裁判所はそこまで厳しく判断せず，一応の理由があると判断すると，10万円程度の担保金を条件に決定を出すのが一般的です。なお，この仮処分は，開示請求ではないため，APは発信者への意見聴取は行っていないようです。

　ほかに，ログの保存を求める方法としては，任意の保存依頼を行うことが考えられます。ただし，これはあくまでも「お願い」というべきもので，必ず保存してくれるとは限らない点には注意が必要です（とはいえ，

令和 5 年 1 月 5 日

ファイヤーネットサービス株式会社　御中

山崎佑三

アクセスログ保存のお願い

前略

　私は，インターネット掲示板「アンダーグラウンド掲示板」で，事実無根の誹謗中傷を受けたので，同掲示板に対して発信者情報開示請求を行いました。その結果，書込みに関する IP アドレス等のアクセスログの開示を受けました。

　当該 IP アドレスを調査したところ，貴社のプロバイダを経由することがわかりました。

　つきましては，貴社に対して，発信者情報開示請求をする予定でおりますが，その前提として，（別紙）「投稿記事目録」にかかるアクセスログの保存をしていただきたく考えております。

　お手数をおかけしますが，何卒よろしくお願いします。

草々

手続き	特　徴
テレサ書式における開示請求	・AP において正式な開示請求の手続きにのせてもらえる ・ログ調査を行い，発信者への意見照会が行われる結果，事実上ログが保存される
発信者情報消去禁止請求仮処分	・強制的にログの調査，保存をさせることができる ・開示請求ではないため，意見照会は行われない ・裁判手続であるため，手間がかかる
任意の保存依頼	・あくまでも「お願い」ベースのもので気軽に送付可能 ・強制力がない ・開示請求ではないため，意見照会は行われない

一定の期間を区切って，いつまでに訴訟提起等がない場合には消去する，といった回答が来ることが多いです）。

③　本案（通常の裁判）による開示請求

　AP に契約者の氏名，住所等の情報があることが確定できれば，AP に対してその情報開示を請求していきますが，ここでは仮処分を用いることはできず，通常の裁判を提起することが必要です。これは，AP が保有する契約者の氏名，住所等の情報は，時間の経過によって消えてしまう性質を有しているものではないため，保全の必要性に欠けることになる

ためです。

　訴状の例は，次のとおりです。**第1章1事例8の山崎佑三さんをもと**にしています。

資料4-3-18　発信者情報開示請求の訴状記載例

訴　状

収入
印紙

令和5年1月23日

東京地方裁判所民事部　御中

原告訴訟代理人弁護士　甲　野　太　郎　印

　　当事者の表示　　　　　　　　別紙当事者目録記載のとおり

発信者情報開示請求事件
訴訟物の価額　　１６０万００００円
貼用印紙額　　　　１万３０００円

請求の趣旨

1　被告は，原告に対し，別紙発信者情報目録記載の各情報を開示せよ
2　訴訟費用は被告の負担とする
　との裁判を求める。

請求の原因

1　権利侵害の明白性
　　原告は，インターネット掲示板「アンダーグラウンド掲示板」（以下「本件掲示板」という。）において，氏名不詳者により別紙投稿記事目録記載にかかる各投稿をされた（甲1。以下，各投稿を併せて「本件各投稿」といい，投稿記事目録の投稿ごとに「本件投稿1」「本件投稿2」…とする。）。
　　本件各投稿は，別紙権利侵害の説明記載のとおり，原告の人格権を侵害し，違法性阻却事由は存在していない。したがって，本件各投稿により原告の「権利が侵害されたことが明らか」（特定電気通信役務提供者の損害賠償の制限及び発信者情報の開示に関する法律（以下「法」という。）5条1項1号）である。
2　正当理由
　　原告は，本件各投稿の発信者に対し，人格権侵害を理由として，不法行為に基づく損害賠償請求の準備をしており，また，再度同様の投稿をされた場合の差止めを求めることを考えている。　そのためには，本件各投稿の投稿者にかかる発信者情報が必要であって，発信者情報の開示を求める「正当な理由」（法5条1項2号）がある。
3　被告による発信者情報の保有
　　本件訴訟に先立ち，原告は，本件サイトを管理している者に対して，発信者情報の開示請求をなし，発信者のIPアドレス等の発信者情報を得た（甲2，3）。開示結果によると，氏名不詳者は被告を経由プロバイダとして本件サイトに投稿してい

る（甲4）。

　　そこで，被告に対して発信者情報開示請求を行ったところ，被告は別紙発信者情報目録記載の各情報を「保有」（法5条1項）していることを認めた（甲5）。

4　被告の開示関係役務提供者該当性

　　本件各投稿は，不特定の者が自由に閲覧でき，「不特定の者によって受信されることを目的とする電気通信の送信」（法2条1号）に該当し，「情報の流通により」（法5条1項）されたものである。そのため，当該権利侵害の投稿内容が保存されているサーバーコンピュータは「当該特定電気通信の用に供される電気通信設備」（法5条1項）にあたる。

　　そして被告は，上記特定電気通信設備を用いて，本件サイトへの投稿と閲覧を媒介し，または特定電気通信設備をこれら他人の通信の用に供する者だから，「特定電気通信役務提供者」（法2条3号）にあたる。

　　したがって，被告は「開示関係役務提供者」（法2条7項）に該当する。

5　小括

　　したがって，原告は被告に対し，発信者情報開示請求権を有する。

6　まとめ

　　よって，原告は，被告に対し，発信者情報開示請求権に基づき，別紙発信者情報目録記載の各情報の開示を求める。

以　上

疎　明　方　法

1	甲第1号証	本件掲示板
2	甲第2号証	仮処分決定正本（写し）
3	甲第3号証	回答書（開示通知）
4	甲第4号証	WHOIS
5	甲第5号証	回答書
6	甲第6号証	車検証
7	甲第7号証	陳述書

添　付　書　類

1	訴状副本	1通
2	甲号証	各2通
3	証拠説明書	2通
4	訴訟委任状	1通
5	資格証明書	1通

　この裁判の管轄は，原則として AP の所在地を管轄する地方裁判所のみとなります（民事保全法12条1項，民事訴訟法4条1項）。収入印紙の印紙額は，請求額によって変わりますが，発信者情報開示請求訴訟は財産権上の請求でないものであるため，民事訴訟費用法4条2項によって，訴訟の目的の価額は160万円とみなされます。その結果，印紙額は1万3000

円となります。

訴状を裁判所に提出すると，訴状の形式的な項目に不備がないかの審査がされ，これに通常 7 ～10日程度かかります。これに問題ないとされれば，第 1 回口頭弁論期日が定められ，送達が行われることになります。第 1 回口頭弁論期日は，約 1 か月後に予定されることが通常です。その後，約 1 か月ごとに裁判が開かれますが，一般的に 2 ～ 3 回の口頭弁論期日が開かれ，その後判決というケースが多いです。

勝訴判決が出れば，AP はその判決に基づいて開示を行うことが多く，控訴される例は多くはありません。なお，開示は判決が確定してからとなることが多く，判決が確定するのは，判決書の送達を受けた日から2週間が経過した日となるため，実際の開示は判決日から 3 ～ 4 週間後となることが多い印象です。

（4） 新しい裁判手続（発信者情報開示命令事件）

① 手続きの概要

改正法の下では，「発信者情報開示命令事件」という非訟事件の類型に当たる手続きが新設されました（改正法第 4 章）。この手続きの狙いは，これまで CP と AP それぞれに対する請求が必要となり二段階に分かれている手続きを一つにまとめることで，迅速な情報開示に繋げようという点にあります。発信者情報開示命令事件では，基本となる発信者情報開示命令（プロバイダ責任制限法 8 条）に加え，提供命令（同法15条），消去禁止命令（同法16条）という 3 つの命令が組み合わさって進行します。

発信者情報開示命令は，「裁判所は，特定電気通信による情報の流通によって自己の権利を侵害されたとする者の申立てにより，決定で，当該権利の侵害に係る開示関係役務提供者に対し，第 5 条第 1 項又は第 2 項の規定による請求に基づく発信者情報の開示を命ずることができる」とされており（同法 8 条），これまで説明した開示請求とほぼ同じであり，この手続き特有のものはないといえます。

これまでの手続きと大きく異なるのは，「提供命令」（同法15条）であり，提供命令は「他の開示関係役務提供者の氏名等情報」を申立人に提供するよう求めるものです（プロバイダ責任制限法15条1項1号）。命令を受けたCPは，自らWHOIS等を行って調査し，調査結果として判明したAPの氏名または名称および住所等の情報を申立人に提供する必要があります。これによって，申立人はIPアドレス等の情報を得ずに，次に開示請求を行うべきAPを知ることができることになり，この情報をもとに，さらにAPに対して発信者情報開示命令の申立てを行うことになります。そして，申立てをしたことをCPに通知したときは，CPはAPに対し，保有しているIPアドレス等の発信者情報を直接提供します（改正法15条1項2号）。

消去禁止命令は，発信者を特定することができなくなることを防止するため，発信者情報開示命令事件が終了するまでの間，保有する発信者情報の消去の禁止を求めるものです（同法16条）。これによって，APに発信者情報開示命令を申し立てる段階において，同時にログの消去禁止を

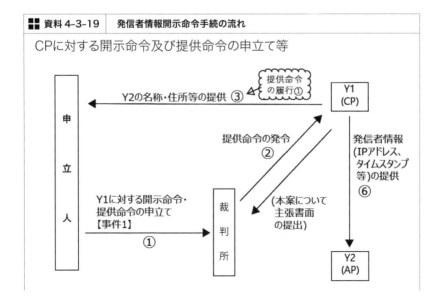

■■ 資料4-3-19　発信者情報開示命令手続の流れ

CPに対する開示命令及び提供命令の申立て等

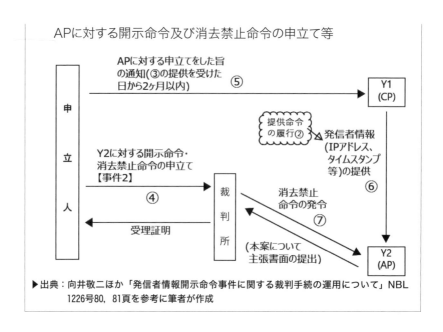

APに対する開示命令及び消去禁止命令の申立て等

▶出典：向井敬二ほか「発信者情報開示命令事件に関する裁判手続の運用について」NBL 1226号80, 81頁を参考に筆者が作成

求めることができるようになっており，ログ保存期間の経過によって特定できないという事態を回避できる可能性を上げることができます。

　発信者情報開示命令手続の流れを図解すると**資料4-3-19**のようになります。

②　手続きの注意点等

　この手続きは，非訟事件という分類とされており，通常の裁判のような公開審理が行われる前提ではありません。また，通常の裁判では訴状の「送達」が必要になりますが，発信者情報開示命令の手続きでは，裁判所が申立書の写しを相手方に「送付」すればよく送達は不要であり（プロバイダ責任制限法11条1項），発信者情報開示命令の決定についても「相当と認める方法」で告知しなければならない（非訟事件手続法56条1項）とされているため，送達は必ずしも必要ではありません（もっとも，告知を受けた日が異議の訴えの提起期間の始期となることもあり（プロバイダ責任制限法14条1項），送達をするかどうかは具体的事案に応じた裁判所の適正な裁量に委ねられ

るとされています）。

　送達が不要になるメリットは，特に外国法人を相手にする場合の海外送達に時間がかかることを回避できる点にあります（ただし，外国法人が国内で登記されてきており，その場合は送達先が日本国内になることから，時間がかかるというデメリットはほぼなくなります）。仮処分においても，呼出しは「相当と認める方法」（民事保全規則3条1項）によることができ，送達は不要であるため，IPアドレス等の開示請求をするという観点からはそれほど違いは生じません。

　もっとも，保全の必要性の問題から仮処分での開示請求ができない電話番号やメールアドレスの開示請求を行うことができるため，この点での有用性が期待できます。

　審理においては，仮処分では双方審尋が必要的であり，訴訟では口頭弁論が必要になるのに対して，発信者情報開示命令の手続きでは審理方式について定めがなく，書面審理も可能であるとされます。そのため状況に応じた適宜の方法によることができ，効率的な審理が期待されます。

　ただし，発信者情報開示命令の申立てについての決定については「確定判決と同一の効力」（プロバイダ責任制限法14条5項）があるとされており，既判力を生じるため，仮処分のような疎明ではなく，立証が要求されることになります。なお，決定が出される際に，仮処分のような担保は要求されません。

4　② 電 話 番 号 ル ー ト に よ る 開 示 請 求

（1）　開示請求の基本的な流れ

　電話番号ルートによる開示請求は，ⓐCPから保有する電話番号またはキャリアメールを取得した上で，ⓑ電話番号またはキャリアメールから判明する電話会社から，氏名，住所等の契約者情報を取得するもので

す。このルートにおいては，@の手続きについて，裁判を用いない方法（テレサ書式による開示請求），用いる方法（本案（通常の裁判）による開示請求），さらに新しい裁判手続である発信者情報開示命令を用いる方法があり，⑥の手続きについては弁護士法23条の2による照会（いわゆる弁護士会照会）を用いることになります（新しい裁判手続により開示請求ができる可能性もありますが，執筆時点（2022年9月）では不透明です）。

テレサ書式による開示請求では応じてもらえないことが多いと思われるため，後述のとおり，発信者情報開示命令を用いるのが現実的対応になると思われます。

（2）　電話番号の開示請求

電話番号の開示請求は，実は改正前から採り得る方法ではあります。

正確に言うと，電話番号の開示は，元々は認められていませんでした。しかし，東京地裁令和元年12月11日判決（判タ1487号233頁，判時2447号11頁）において，当時，開示請求が認められる情報として定められていた「発信者の電子メールアドレス」にSMS（ショートメッセージサービス）用電子メールアドレスが含まれるという判断が示されました。そこで，この時点から，電話番号の開示請求ができるようになりました。そしてその後，2020年8月31日，省令が改正され「発信者の電話番号」が開示対象に追加されました。

電話番号はキャリアに割り当てられているため，番号が分かればキャリアを調べることができます。そして，当該キャリアに対して弁護士会照会をすることによって，契約者の情報を調査することができます。

この点に関して，照会を受けたキャリア側の対応について，「電気通信事業における個人情報保護に関するガイドライン　解説」によれば，「当該電話会社にとって，権利侵害情報の投稿通信は自ら提供する電話サービスの個々の通信ではなく，また，当該弁護士会照会は，当該電話会社が提供する電話サービスの個々の通信の発信者を明らかにするため

のものではないため，これに応じることは通信の秘密を侵害するものではないと解される」として，原則として応じるべきとされています。

　もっとも，この方法はこれまであまり活用されていませんでした。大きな理由として，CP が電話番号を保有している例は必ずしも多くないことがまず指摘できます。電話番号を入力して登録するサイトはそれほど多くはないことから，感覚的にも理解できるのではないかと思います。

　また仮に保有しているとしても，二段階認証（二要素認証）によるもので，二段階認証（二要素認証）を用いているのは国外の大手 SNS がほとんどで，国内の CP ではあまり二段階認証（二要素認証）は用いられていません。そして，電話番号の開示請求には本案裁判（通常の裁判）が必要で，そのためには海外送達が必要になり，裁判が始まるまでに半年程度の時間がかかります。しかも，二段階認証（二要素認証）をせずに利用しているユーザーも少なくなく，訴えた時点では，電話番号を保有しているかどうかが不明なことが多いのが実態です。そのため，時間をかけてようやく第 1 回口頭弁論期日を迎えても，「不保有」という答弁を受けて取り下げざるを得ないといった事態も想定されました。このように，手間と時間がかかる割に，特定に繋がらないリスクが比較的高いという問題があったのです。

　しかし，改正法下での発信者情報開示命令では，送達ではなく「送付」によって手続きを始めることができ，しかも国外の大手 SNS も国内での登記をし始めているため，手続きが始まるまで 1 週間〜数週間程度待てばよいということで大幅な時間短縮が図られています。加えて，仮処分における「保全の必要性」も要求されないことから，電話番号のみならず，IP アドレス，タイムスタンプ等の情報，さらには氏名，住所といった情報の開示も同時に求めることができます（ただし，保有していないと回答される可能性はあります）。

　したがって特に国外大手 SNS に対する開示請求については，電話番号ルートによる開示請求が威力を発揮する可能性があると思料されます。

5 ③ CP 利用者ルートによる開示請求

　CP 利用者ルートによる開示請求は，CP が保有する利用者の氏名，住所等の情報を取得するものです。このルートにおいては，裁判を用いない方法（テレサ書式による開示請求），用いる方法（本案（通常の裁判）による開示請求），新しい裁判手続である発信者情報開示命令を用いる方法があります。これも改正前から採り得る方法であり，一部サイトについては有効に機能しています。

　SNS やブログ，掲示板等のサイトでは，氏名，住所等の入力が必要になるわけではなく，CP が氏名や住所等の情報を保有している例はそれほど多くはありません。しかし，たとえば楽天，ヤフー，Amazon といったショッピングサイトでは，注文者あるいは配送先として氏名，住所といった情報が登録されています。そのため，ショッピングサイトを有している企業の関連サイトであり，同じアカウントを用いてログインすることができるサイトであれば，当該サイトは氏名，住所等の情報を保有していることになります。

　そこで，このようなサイトに投稿がされた場合には，CP 利用者ルートによる開示請求が活用できます。

　もっとも，テレサ書式による開示請求では応じてもらえないことが多いと思われるため，本案による開示請求，または発信者情報開示命令を用いることが必要になりますが，本案による開示請求だと訴状の送達に時間がかかることから，発信者情報開示命令を用いるのが現実的対応になると思われます。

6 ④サーバ契約者ルートによる開示請求

　サーバ契約者ルートによる開示請求は，ホスティングプロバイダから，サーバ契約者の氏名，住所等の契約者情報を取得するものです。このルートにおいては，裁判を用いない方法（テレサ書式による開示請求），用いる方法（本案（通常の裁判）による開示請求），新しい裁判手続である発信者情報開示命令を用いる方法があります。これも改正前から採り得る方法であり，一部サイトについては有効に機能しています。

　ホスティングプロバイダとは，サイトのデータを保管している先を指します。多くのSNS事業者等は自社サーバを構築しているため，CPであると同時にホスティングプロバイダでもあるわけです。しかし，自社サーバを持たないとしても，レンタルサーバ会社からサーバを借りてサイト運営をすることができ，そういったサイトの方が数としては多くあります。そこで，レンタルサーバ会社（ホスティングプロバイダ）に対して，サーバ契約者の情報開示を求めることで，サイト運営者を突き止めようというのがこのルートです。

　もっとも，たとえばサイト運営者が明らかになっている掲示板サイトが，レンタルサーバで運用されているケースを考えてみると，サーバ契約者が書込みをしているわけでは通常ないため，サーバ契約者の情報開示を求めても意味がありません。そのため，サーバ契約者を明らかにしたいケースは，サイト運営者が不明な場合であることが前提となり，ⓐサイト運営者を明らかにすることで，さらに当該サイトに投稿した者の情報を得たいケース，ⓑサイト運営者自身に責任追及をしたいケースに分類することができます。

　ⓐのケースは，運営者から投稿者に関する情報を得て開示請求をしていくことが想定されます。

　ⓑのケースは，サイト運営者自身が権利を侵害する内容を投稿してい

ると想定される場合，たとえば，いわゆる「まとめサイト」，「トレンドブログ」といったサイトで，悪意あるまとめ方がされているようなケースです。

いずれにしても，テレサ書式による開示請求では応じてもらえないことが多いと思われるため，本案による開示請求，または発信者情報開示命令を用いることが必要になりますが，本案による開示請求だと訴状の送達に時間がかかることから，発信者情報開示命令を用いるのが現実的対応になると思われます。

7 侵害関連通信に係る発信者情報の開示請求

（1）　侵害関連通信とは何か

「侵害関連通信」とは，「侵害情報の発信者が当該侵害情報の送信に係る特定電気通信役務を利用し，又はその利用を終了するために行った当該特定電気通信役務に係る識別符号……その他の符号の電気通信による送信であって，当該侵害情報の発信者を特定するために必要な範囲内であるものとして総務省令で定めるもの」（プロバイダ責任制限法5条3項）とされており，法改正によって新たに生まれた概念です。

非常に難解ですが，要は，改正前は，発信者情報開示の対象が，条文上，権利侵害通信に限定されており，ログイン情報の送信（いわゆる「ログイン型」）に関しての開示請求に困難があったことから，この点を改め，ログイン情報の送信等の侵害通信に関連する一定の通信を「侵害関連通信」として，そこから把握される情報を「特定発信者情報」とした上で開示対象とした，ということです。

特定発信者情報とは，「発信者情報であって専ら侵害関連通信に係るものとして総務省令で定めるもの」とされており（プロバイダ責任制限法5条1項），施行規則3条において，侵害関連通信に係る通信としての施行

発信者情報

特定発信者情報以外の
発信者情報

＝これまで開示が認められてきた発信者情報

特定発信者情報

＝新たに開示が認められた発信者情報

規則2条9号から13条に掲げられた情報とされています。特定発信者情報が追加されたことにより、従来の発信者情報は「特定発信者情報以外の発信者情報」と呼ばれることになり、「発信者情報」は両者を包含する概念となりました。

侵害関連通信については、施行規則5条が以下の4通信を定めています。

①対象のアカウントを作成した際の通信

②権利侵害通信と相当の関連性を有するログイン通信

③権利侵害通信と相当の関連性を有するログアウト通信

④アカウント等の削除をするための通信

侵害関連通信が問題になるのは、投稿時のログを保有せず、アカウントへのログイン時のログしか保有していない「Twitter」、「Facebook」、「Instagram」、「Google」、「note」などのCPになります。

（2） 特定発信者情報の開示請求

特定発信者情報の開示請求とは、CPに対して、侵害関連通信にかかる

IPアドレス，タイムスタンプ等に関する情報の開示を求めるものです（プロバイダ責任制限法5条1項1号2号3号）。この請求をするためには，プロバイダ責任制限法5条1項1号，2号，3号が定める要件をいずれも満たす必要があり，原則としては「特定発信者情報以外の発信者情報」の開示請求ができるにとどまるものの（1号，2号），特別な要件（3号，補充性）を具備するときは，例外的に「特定発信者情報」の開示を認めるという立て付けになっています。

　この特別な要件については3種類が定められており，そのうちのいずれかに該当する必要があります。条文は非常に難解ですが，以下の3つの場合と解釈できます（これでも難解と思いますが……）。

　　①CPが侵害関連通信に係るIPアドレス等の特定発信者情報以外の発信者情報を保有していないと認めるとき。

　　②CPが「住所と組み合わされていない氏名・名称」，「氏名・名称と組み合わされていない住所」，「電話番号」，「メールアドレス」，「侵害情報送信のタイムスタンプ」のみを保有していると認めるとき。

　　③特定発信者情報以外の発信者情報の開示を受けたものの，侵害情報の発信者を特定することができないと認めるとき。

　①は，CPが発信者のメールアドレスや電話番号を保有している場合は，この要件を満たさないことになります。アカウント作成時などにメールアドレスの登録等はあることが通常であるため，この要件を満たすケースはかなり限定的であろうと想定されます。

　②は，ログインのためのメールアドレスや電話番号しか保有していない「Twitter」，「Facebook」，「Instagram」，「Google」がこれに当たると思われます。「note」については，有料記事を配信しているユーザーについて開示請求をする場合，特定商取引に関する法律に基づいて発信者の氏名，住所等を保有している可能性があり，認められる場合と認められない場合があり得ると思われます。

③は，サーバ契約者の氏名，住所の開示を受けたものの，偽名であったなどの場合に，サーバへのログイン記録の開示を求める場合などが想定されます。

（3） 関連電気通信役務提供者への開示請求

関連電気通信役務提供者とは，「当該特定電気通信に係る侵害関連通信の用に供される電気通信設備を用いて電気通信役務を提供した者」と定義されています（プロバイダ責任制限法5条2項）。つまり，侵害関連通信を媒介したAPを関連電気通信役務提供者と呼ぶということです。

侵害関連通信に関するIPアドレス等の開示を受けた後，その情報を用いて，APに対して氏名，住所等の開示請求をしていくものです。

8 | 相 手 を 特 定 し た 後 の 損 害 賠 償 と 告 訴

（1） 内容証明郵便と裁判

発信者情報の開示を受けることができれば，その人物が書込みをしたと強く推定されます（開示される情報はあくまで契約者の情報であり，書込みをした人物と必ずしも一致するわけではないためです）。特定自体が1つの目的の場合もありますが，特定するのは書込みをした人物の責任を追及するためです。責任追及の方法は，民事責任の追及と刑事責任の追及に大きく分けられます。

民事責任の追及とは，損害賠償（慰謝料）の請求などです。損害賠償を請求する方法としては，内容証明郵便などによる裁判外の手続と，損害賠償請求訴訟という裁判上の手続があります。

内容証明郵便とは，誰が，誰宛てに，いつ，どのような内容で，手紙を出したのかを，日本郵便株式会社が公的に証明してくれる郵便です。何かを請求する場合には，記録が明確に残るためしばしば用いられま

す。しかし，内容証明郵便自体に強制力はなく，基本的にただの書留郵便です。そのため，送っても無視される可能性はあります。

　請求を無視された場合は，損害賠償請求訴訟を提起することになります。内容証明郵便を用いず，最初から訴訟提起をしても問題ありません。

　刑事責任の追及とは，名誉毀損罪などで立件してもらうということです。刑事責任を追及するのは国の仕事であり，個人ができるものではありません。そのため，警察や検察に告訴状や被害届を提出します。

（2）　損害賠償請求額と調査費用の扱い

　損害賠償請求が認められた場合，どの位の賠償をしてもらえるのでしょうか。これまでのネット上での誹謗中傷案件を見ると，実際に裁判で認められる慰謝料額はおおむね100万円が上限という印象です（もちろん，より高額の賠償を認めている例もあります）。もっとも，相手の特定にかかった費用（調査費用）については，相手の負担にできる場合があります。たとえば，特定をするために弁護士に依頼して発信者情報開示請求をした場合，その弁護士費用が損害として認められます。東京地裁平成24年1月31日判決（判時2154号80頁）で，その調査にかかった費用全額を損害として認めています（東京高裁平成24年6月28日判決（判例集未登載）で確定しています）。また他にも，東京地裁平成26年10月31日判決（2014WLJPCA10318024），名古屋地裁平成28年7月25日判決（2016WLJPCA07256003），東京地裁平成28年8月3日判決（2016WLJPCA08036002），東京地裁平成29年11月28日判決（2017WLJPCA11288015），東京高裁令和3年3月16日判決（判タ1490号216頁），東京高裁令和3年5月26日判決（2021WLJPCA05266002）などでも，調査にかかった費用全額を損害として認めています。必ず全額の費用が損害として認められるとは限りませんが，少なくとも一定額については賠償額として上乗せできます。

　ところで，相手を特定できれば必ず賠償をしてもらえるかというと，そうではありません。相手も裁判で反論をしてくることもありますし，

相手の金銭的な事情により支払われないこともあります。また，損害賠償請求においては，損害賠償の請求を受けた側が，違法性阻却事由があることを立証しなければならないため，相手方の立証の結果，賠償が認められないケースもないわけではないことも認識しておきましょう。

（3） 告訴

　告訴とは，捜査機関に対して犯罪事実を申告し，犯人の処罰を求める意思表示をいいます。被害届としばしば混同されますが，被害届は，単に犯罪被害を受けたことを捜査機関に届け出ることであり，告訴とは「犯人の処罰を求める意思表示」という点で大きく異なります。

　刑事手続は，犯罪の嫌疑があれば，通常は警察が捜査を行い，その事件を検察に送り，検察が起訴するかどうかの判断をし，起訴されて初めて刑事裁判を受ける段階に至ります。そして，その裁判で有罪・無罪を争い，判決によって結論が出されます。しばしば逮捕されればそれだけで有罪だというイメージを持たれやすいですが，それは間違いです。

　警察には捜査権があるため，ネット上に誹謗中傷が書き込まれた時点で告訴をすれば，捜査機関には告訴を受理する義務があるので，捜査によって犯人を見つけてくれるのが原則のはずです。しかし実際には，犯人を特定できてからでないと，ほとんど告訴を受け付けてくれません。この傾向は国外のサービス（Twitter や google 等）が利用されている場合に顕著といえます。これは，捜査機関の捜査権は国内にしか及ばず，国外の捜査をすることが原則としてできないためです。そのため，実際は，自分で犯人を特定する作業を進める必要があります（ただし，外国会社の登記がされたことにより国内の拠点ができたことから，今後は一定の捜査ができるようになる可能性はあります）。

　告訴の方法については，口頭でもできるとされていますが（刑事訴訟法241条），書面（告訴状）を提出するのが一般的です。告訴状には，告訴人，告訴事実の表示，告訴に至った経緯，処罰意思の表示などを記載します。

告訴事実の表示というのは，犯罪となる具体的な事実を端的に示すもので，基本的には5W1Hを明示する必要があります。たとえば，名誉毀損の場合には次のようになります。

■■ 資料 4-8-1	告訴事実の記載例

被告訴人は，ブログを利用して可山則久の名誉を毀損しようと企て，令和4年1月12日午前1時24分頃，大阪府大阪市中央区右本町5-15-25において，パーソナルコンピュータを使用しインターネットを介して，ファイヤーネットサービス株式会社の管理に係るサーバーコンピューター内に開設されたブログ「ファイヤーネットブログ」に「勤め先で経費を着服・横領している」との内容を記載して，これらを不特定多数の人が閲覧しうる状態にし，もって，公然と事実を摘示し，前記可山則久の名誉を毀損したものである。

告訴に至った経緯では，どのようにしてこれらの事実を特定したのかを説明します。ここでは，犯罪が成立すると考える理由や，どのような根拠から犯罪の事実を指摘できるのかを説明します。

では，どのような罪に当たるといえばよいのでしょうか。該当しうるものは，次の通りです。

- ・名誉毀損罪（刑法230条1項）
　　3年以下の懲役・禁錮，50万円以下の罰金
- ・侮辱罪（刑法231条）
　　1年以下の懲役・禁錮，30万円以下の罰金，拘留，科料
- ・信用毀損罪（刑法233条前段）
　　3年以下の懲役，50万円以下の罰金
- ・偽計業務妨害罪（刑法233条後段）
　　3年以下の懲役，50万円以下の罰金
- ・威力業務妨害罪（刑法234条，同233条）
　　3年以下の懲役，50万円以下の罰金

侮辱罪以外は法定刑が基本的に同じですが，事案によってどの罪を選択した方がよいということはあるでしょうか。

業務妨害罪や信用毀損罪は、「抽象的危険犯」といって、何か具体的な損害がなくても、損害等が発生する「おそれ」があれば成立するとされています。しかし実際は、何か実害が生じたということを証拠をもとに示せないと、事件として扱ってくれません。ネット上の書込みのせいで事業に支障を来すケースや、信用を毀損されたというケースはしばしばありますが、書込みによって実害が生じていることを証拠をもって示すのは、かなり難しいです。たとえば、「その書込みのせいで売上げが落ちた」といっても、本当にその他の原因がないと説明するのは困難です。そのため、業務妨害罪や信用毀損罪は利用しにくいのが実情です。

　そこで、名誉毀損罪や侮辱罪を用いるのがよいでしょう。名誉毀損罪や侮辱罪であれば、名誉は目に見えるものではなく証拠で示すことができるものではないため、自分の社会的評価が低下したことが説明できれば十分だからです。ただし、名誉毀損罪と侮辱罪は親告罪（刑法232条1項）（告訴がなければ起訴ができない犯罪のこと）であり、告訴期間は犯人を知った日から6か月（刑事訴訟法235条）なので、時間の経過には注意が必要です。

　なお、名誉毀損罪と侮辱罪の違いは、前者が公然と「事実を摘示」する必要があるのに対し、後者はそれが不要であるという点です。たとえば、「AさんはいつもBさんのお尻を触っている」というのは名誉毀損罪になりますが、「Aさんはいつもいやらしい」というのは侮辱罪になります。前者は「お尻を触っている」という事実を摘示していますが、後者は事実を説明する内容はなく、「いやらしい人だ」という指摘をしているだけだからです。

　告訴状ができれば、告訴状をもって警察署に持参し、告訴することになりますが、告訴をする場所は、法律上特に定められているわけではありません。通常は、犯罪の発生地か、犯人の所在地、被害者の住所地を管轄する警察署のいずれかに行います。

　ただ、告訴状を持参して警察署に行っても、その場ですぐに告訴を受

理してくれることはほぼありません。警察としても，その場で初めて聞いた事案をすべて把握して事件化することはできないので，まずは一度資料を預かるという対応を取るところが多いです。そのため，警察に預ける分の資料のコピーを持参するとよいでしょう。その後，告訴状の内容で告訴を受理するという判断になれば，改めて原本を提出します。

　ところで，「告訴の受理＝逮捕」と考えている人が多いですが，経験上，多くの場合，逮捕までされることはまれです。逮捕するためには，逃亡のおそれがあるとか，罪証隠滅のおそれがあるといった理由が必要ですが，それがないと判断されてしまう場合がほとんどです。

　実際の流れとしては，まずは警察が捜査を進めることになり，しばしば行われるのは，被告訴人の自宅を捜索場所とした捜索差押で，パソコンやスマートフォンなどを押収する手続が取られます。その上で，本人を任意で呼び出して取り調べを行います。

　どのくらいのスピードで手続が進むかは，その警察署の忙しさ次第のため一概にはいえませんが，数か月～１年単位で待たされることも往々にしてあります。

　警察が逮捕をすれば検察に事件を送り，検察は補充の捜査を行って，起訴するかを決めます。被害者心理としては，起訴してほしいと思うでしょうが，現実的には，前科前歴がなければ，余程悪質で反省もしていない場合でない限り，起訴猶予という判断になることが多いです。起訴猶予とは，犯罪が成立しているだろうといえるものの諸般の事情を考慮して起訴をしないという判断で，不起訴処分の１つとして位置づけられています。起訴猶予は不起訴処分ではありますが，あくまで起訴が猶予されているだけなので，その後同じようなことをしていると発覚した場合に，次は起訴されることが多く，その点で抑止力になります。

　検察が起訴したかどうかは，告訴人に通知する必要があるとされているので，いずれかの処分がされればその旨の連絡が届きます。

第 **5** 章
炎上への対応

1 │ 炎上とは

　「炎上」とは，燃え上がるという意味から転じて，多くの人がある事柄に関心を寄せ，それに対する批判的な内容を中心とした自分なりの批判・批評・意見・感想などが多数発信されている状況を指す言葉です。「炎上」に明確な定義があるわけではありませんが，ネット上で話題の中心，しかももっぱら批判的な意味合いで話題の中心になってしまっている際には炎上しているという表現が用いられていることが多いといえます。

　以前から，2ちゃんねるなどを中心に「祭り」といわれる状況が存在していましたが，2ちゃんねるは誰もが閲覧できるサイトである反面，ある種アンダーグラウンドな場であるとも思われ，一般に多くの人が閲覧しているといったものではありませんでした。しかし，スマートフォンとSNSの普及によって，“一億総メディア時代”などといわれるようになって久しい中，誰でも気軽にネット上で発言できるようになり，不用意・不適切な発言や写真の投稿などが見つかると，それがネット上で拡散され，炎上に至るようになりました。

　代表的なSNSとして「Twitter」や「Instagram」，「Facebook」がありますが，これらにはリツイート，シェアといったボタン1つで他のユーザーと情報共有できる機能が備わっています。この共有機能によって，情報が拡散されるスピードがきわめて早くなっています。あくまでも感覚値ですが，炎上の発端になるSNSとしては「Twitter」が圧倒的に多いのですが，これは140文字以内の短文を感覚的に書き込むことができ，

また撮った写真もその場ですぐに投稿でき，かつ，リツイートによって爆発的な拡散がされることが理由といえるでしょう。また，企業の態度や考え方を告発するような投稿がされ，それが発端となって炎上が発生するといったことも増加していますし，「Instagram」の「ストーリーズ」という投稿後24時間で消去される機能に不適切な動画を投稿したことで炎上に至る事例も散見されます。

　さらに，近時では企業もSNSを活用してプロモーション活動をしようという向きが強まっているように思われますが，担当者の失言が炎上を招く例や，そもそも企業のCMの在り方自体について批判が向き炎上に至るといったことも日常的に発生するようになっています。

　どこから炎上が発生するのか予測することは困難で，もはや炎上と無縁に生きることは難しいとさえいえる状況です。炎上は数日，長くても1か月程度で鎮火することが一般的で，放置しておいてもしばらくすれば収束する以上，対応をしないという考え方もあり得ます。しかし，ネット上の情報は削除しない限り残り続け，永続的に企業のレピュテーションを低下させることに繋がります。そのため，特に企業にとって，炎上への備えをしていくことは喫緊の課題といえます。

2 ｜ 炎上の広がり方

　炎上は当初から炎上なのではなく，まずは「火種」があることが通常です。火種には様々なものがありえますが，いずれにしても人の批判的感情を刺激するものであることが通常です。

　そして，そのような火種がTwitterなどのSNSやブログに投稿され，一定の範囲の者に共有されていくというのが第一段階です。そして，一定の話題になってくると，第二段階として，これを「まとめサイト」「トレンドブログ」といった媒体，さらにはYouTuberが，経緯がどのような

ものであるかをまとめ始めます。まとめサイトやトレンドブログは，インターネット上で話題になっているものを探していますが，これは，話題になっている事項を扱うことで，自身のサイトを訪れてくれる可能性を上げ，アフィリエイト広告の収入を得ようとしているのです。また，YouTuber も視聴者を増やすことで収入を増やそうとしている者です。まとめサイトやトレンドブログができはじめたり，YouTuber が話題を取り上げはじめると，実際に話題を目にする者も多くなり，さらに SNS を中心に話題が大きくなっていきます。

そして，さらに世間的にも報じる価値があると感じられ始めた場合は，J-CAST ニュースや，ハフポスト，弁護士ドットコムニュースといったウェブメディアが注目し始め，記事として取り上げられます。これが第三段階です。このようなウェブメディアは，他社プラットフォームとの配信契約もあり，多くの人の目に触れる可能性があります。

特に，ヤフートピックスにピックアップされると，その注目度は一気に上がります。この状況になると，ワイドショーを初めとしたテレビ番組などでも取り上げられるものも出てくることになります。テレビで紹介されると一般の人にも炎上が認知されることになりますが，これが第四段階といえます。テレビで取り上げられると，SNS やまとめサイト，トレンドブログでも一層の話題の盛り上がりを見せることになります。

どの段階をもって「炎上」というのかは，状況によっても異なると思われますが，筆者の個人的な感覚でいえば，第一段階は火種，第二段階はプチ炎上，第三段階以降を炎上といえるのではないかと思います。第三段階くらいになってくると，「電凸」（でんとつ），「メル凸」（めるとつ）といった行為が行われることもしばしばであり（「電凸」は「電話で突撃する」，「メル凸」は「メールで突撃する」という意味），近時はさらに YouTuber が取材と称して近所をうろつき出すといったことが始まってきます。それら一つひとつの行為が違法であるとすることは難しいことが多いため，初期消火が大事になってきます。

3 | 監 視 体 制 の 重 要 性

　炎上による被害を少なくするには，炎上してから気付くより，できる限り，「火種」のうちに気付いて対処することです。炎上状態になってしまった場合には，ケースによっては，何をしても「火に油を注ぐ」ことになりかねません。

　そのためには，ネットを常に監視しておくことが有用です。もっとも，「ネットを監視する」ということは簡単でも，実際に網羅的な監視をすることは非常に大変です。監視対象は SNS だけではなく，掲示板，ブログといったサイトもある上，写真や動画といったキーワード検索では必ずしもヒットしないものもあり得ます。また，休日だから監視を休むとなれば，たとえば従業員の不適切投稿があった場合に確認が遅れてしまう，ということがあり得ます。

　そのため，このような問題に対応するウェブモニタリングサービスを提供している会社が存在しています。大別すれば，監視ツールによる監視，目視による有人監視がサービスとしてラインナップされていることが多いため，導入を検討する場合には，どのくらいのものが必要かを考えていくことが必要になります。

　とはいえ，他社に監視を依頼するとなれば，一定のコストがかかってしまうことは当然です。そこで，毎日，自身で検索をしてみるというのも一つの方法ですが，一定のツールを利用することで効率的な監視を行うことを検討するとよいでしょう。ヤフーの「リアルタイム検索」，Twitter の「高度な検索」，Google の「Google アラート」が使いやすいので，これを組み合わせて使うとよいでしょう。

① リアルタイム検索

　炎上の火種が投稿されやすい SNS である Twitter を監視するのに，最も簡単なツールは，ヤフーの「リアルタイム検索」です。リアルタイム

検索は，Twitter に投稿された内容のうち，過去30日分の検索キーワードに関連した内容をリアルタイムで表示するものです。

資料 5-3-1　リアルタイム検索

▶引用元：https://www.yahoo.co.jp/

　ヤフーのトップページには検索窓が設けられていますが，その検索窓の上では検索する対象を選ぶことができるようになっています。ここに「リアルタイム」という表示があり，これをクリックしてから検索すれば，あるいは検索後に「リアルタイム」をクリックすれば，Twitter のリアルタイム検索ができます。

　これによって，検索ワードに応じた投稿が現在どのように投稿されているのかを調べることができます（更新をしなくても，キーワードに当てはまる内容であれば，新しい情報が表示されていきます）。キーワードを複数指定することもできるため，Twitter に投稿されている内容を調べるのであれば非常に便利といえるのではないかと思います。

② **高度な検索**

　Twitter の「高度な検索」は，Twitter のウェブ版で実装されているもので，検索コマンドを使ったのと同じ効果を得られる検索方法です（なお，スマートフォンでも検索コマンドを用いれば同じことは可能です）。

　使うためには，まず Twitter ウェブ版の検索窓に，検索したいワードを入力して検索します。

　そうすると，右側に三点リーダのような表示がされている部分があるので，これをクリックすると，検索設定や高度な検索をすることができ

るメニューが表示されます。

資料 5-3-2　Twitter 検索窓

こちらをクリック

Q キーワード検索

▶引用元：https://twitter.com/

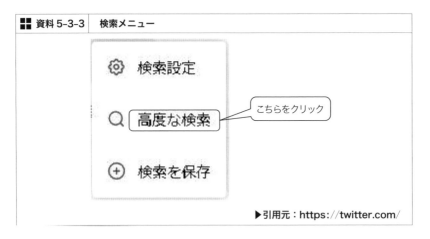

資料 5-3-3　検索メニュー

⚙ 検索設定

Q 高度な検索　　こちらをクリック

⊕ 検索を保存

▶引用元：https://twitter.com/

　ここで「高度な検索」をクリックすれば，高度な検索ができるように
なります。

　高度な検索では，「AND 検索」「完全一致検索」「OR 検索」「マイナス検
索」「ハッシュタグ検索」などができるほか，言語指定，送信者の指定，
送信先の指定，日付の指定などが可能です。

　現在の「火種」を探すのであれば，リアルタイム検索の方が使い勝手
がよいかもしれませんが，投稿者がどのような人物であるのかといった
ことを調べたい場合には，こちらの高度な検索を使って深掘りしてみる
ことはあり得ると思われます。

■■ 資料 5-3-4 　高度な検索

× 　高度な検索 　　　　　　　　　　　　　検索

キーワード

次のキーワードをすべて含む

例: what's happening・「what's」と「happening」の両方を含む

次のキーワード全体を含む

例: happy hour・「happy hour」というキーワード全体を含む

次のキーワードのいずれかを含む

例: cats dogs・「cats」と「dogs」のどちらか（または両方）を含む

次のキーワードを含まない

例: cats dogs・「cats」と「dogs」を含まない

次のハッシュタグを含む

例: #ThrowbackThursday・ハッシュタグ #ThrowbackThursday を含む

▶引用元：https：//twitter.com/search-advanced

③ 　Google アラート

　Google アラートは，設定したキーワードに関する新しい検索結果が見つかったときにメールで通知を受け取ることができるサービスです。なお，このツールは Google にログインをしなければ使えないので，アカウントを持っていない場合にはアカウントを作成してください。

　「アラートを作成」と書かれている検索窓にキーワードを設定していきます。キーワードを入力すると，「アラートを作成」というボタンと

「オプションを表示」という表示がされるため，「オプションを表示」を
クリックします。

資料 5-3-5　　Google アラート

▶引用元：https://www.google.co.jp/alerts

資料 5-3-6　　Google アラート詳細設定

▶引用元：https://www.google.co.jp/alerts#1：11

　そうすると，頻度，ソース，言語，地域，件数，配信先というオプショ
ンを選択できる画面になります。監視という観点からは，頻度について
「その都度」を選択し，ソース，言語，地域，件数については，自社に

とって最適なものを選べばよいでしょう。また，配信先については，Googleのアドレスでなくても設定できるため，監視を担当する従業員が複数人で共有しているメールアドレスなどを設定すると使いやすいのではないかと思います。これらの設定をしたら，「アラートを作成」ボタンを押せばアラートの作成が完了します。

単にキーワードを入力するだけでもアラートの設定は可能ですが，さらに「完全一致検索」「AND検索」「OR検索」「マイナス検索」などの検索コマンドを活用した設定をすることも考えられます。

完全一致検索とは，入力したキーワードと完全に一致する語句を検索するものであり，調べたいキーワードを「" "」で囲むことで使用できます。

AND検索は，AとBというキーワードがある場合，AとBの両方を満たすものを検索するものであり，「A and B」と指定することで使用できます。

OR検索は，AとBというキーワードがある場合，AとBのいずれかを満たすものを検索するものであり，「A or B」と指定することで使用できます。

マイナス検索とは，指定したキーワードを検索結果から除外する検索方法であり，除外したいキーワードの前に「-」（半角マイナス記号）を入力することで使用できます。

4 炎上への対応手順

（1）事実関係の確認

炎上を認知したら，あるいは炎上の火種となるものを認知したら，まずは指摘されている事実関係がどのようなものであるか，何が問題とされているのかを調べてください。全くの虚偽の内容を広められているの

か，法的には問題ないものの社会的に見れば適切とは言い切れないといった内容が広められているのか，あるいは，法的に見ても非がある内容が広められているのか，といったように，指摘される内容によってグラデーションがあり得るわけですが，どのような事実関係があるのかによって，対応するべき態度は大きく変わってくることになります。

　そのため，今後の対応指針を検討する上でも，まずは指摘されている事実関係が何かということを押さえ，かつ，その情報がいつの時点のものを前提に発信されているのかも把握するよう心掛けてください。炎上というと，新たに起きた不祥事について生じているというイメージがありますが，実際にはそのようなものばかりではなく，数年前から公開されていて当時は問題にされていなかったものの，現在の感覚からは「おかしい」と指摘されて炎上するという事例があったり，ある不祥事等に触発されて過去のものを掘り返されることで生じる炎上などもあり得るからです。

　なお，炎上が発生すると，当事者としては「攻撃をされた」と感じることになると思われます。しかし，その感覚を元に対応してしまうと，本能的に防御反応が出てしまい，「それは間違っている」といいたくなってしまい，初動における事実関係の確認が不十分になってしまいがちです。結果として，事後的に見れば虚偽といえる発表をしてしまい，炎上した内容は本当のことだったということが明らかとなって，かえって炎上が広がってしまうケースは枚挙に暇がありません。そのため，初動の事実関係の確認は極めて重要となります。

（2）　対応方法の検討

　事実関係の確認ができれば，次はどのような対応をしていくかを検討していくことになりますが，その前提として，その炎上ないし炎上の火種がどのくらい広がりを見せているのかを確認することが必要です。

　すでに問題となった投稿が，リツイート数等で多数拡散されているこ

とが分かるようであれば，またはすでにまとめサイトやトレンドブログが作られているような状況であれば，何らかの対応を取ることは必須になってきます。他方で，ネガティブな内容が投稿されてはいるものの，新たに作られたアカウントで，フォロワー数もほとんどなく，注目もされていない，といったものが見つかることもあり，そのようなものについてはとりあえず静観をするというのも一つの選択肢となってきます。対応するかどうかは，炎上ないし炎上の火種の影響力がどの程度あるかということを考慮する必要があるのです。

　対応の方法としては，①静観する（引き続き注意はする），②見解を発表する，③謝罪する，という3つに分類することができます。

①　静観する

　ネガティブな内容が投稿されてはいるものの，ほとんど注目はされていないという場合や，一定の広がりは見て取れるものの，話題の内容が狭いコミュニティにとどまっており，世間一般の関心が向かない事項であると考えられる場合などは，とりあえず静観をしておくというのでよいのではないかと思います。

　このようなケースにまで何か見解を発表するとなると，多くの人は当該ネガティブな投稿の存在を認知していなかったにもかかわらず，あえてそれを知らしめることになってしまい，かえって逆効果になってしまうからです。

　もちろん，それ以上の広がりを見せないかどうか注目をし続けておくことは必要であり，広がりが見えるようであれば対応を検討するという態度が肝要です。

②　見解を発表する

　炎上が一定以上の広がりを見せている場合は，何らかの対応をすることが必要といえます。どのような見解を発表するのかは，事実関係次第ですが，全くの虚偽の内容を広められている場合や，法的には問題ないものの社会的に見れば適切とは言い切れない内容が広められている場合

などにあり得る選択肢といえます。

　全くの虚偽内容を広められている場合は，正しい情報をいち早く発表することで誤解を解いていく必要があります。しばしば問題になるケースとしては，出身地と苗字が同じだからということで，犯罪行為に関係している企業であるなどといったデマが広められているようなケースです。単に虚偽の情報である，という発表をするだけでも，とりあえずはよいのですが，そのような理由の説明のない発表を，いわゆるネット民がそのまま信じてくれるかというと難しい面があります。そのため，可能であれば，なぜそのような誤解が生じているのかということまで調べた上で，その誤解に対する説明・反論をしていくといった対応をするのが，より適切な場合が多いでしょう。

　法的には問題ないものの社会的に見れば適切とは言い切れないといった内容が広められている場合は，対応が難しくなってきます。批判されている事項について，一定程度の妥協 (ないし受け容れ) をするということであれば，「様々な意見を拝聴し，このように考えるように至った」といった見解を発表することがあり得ます。批判を受けて方針を変えるということは，なかなか発表しづらいものでもありますが，むしろ柔軟な対応をする会社であるとして評価をされるケースもあり得るでしょう。

　他方で，会社の運営方針等からそう簡単に変えられない事項について批判を受けている場合は，そのような柔軟な対応は難しいかもしれません。そのような場合に，「法的には問題ない」という見解を発表することはあり得るとしても，炎上しているのは法的にどうかという点が理由ではないため，炎上を収める効果は期待できません。むしろ，批判をしている人の感情を害し，火に油を注ぐことになりかねません。自分たちは一切間違っていないのだからということで，そのような発表をするというのも考えられるところですが，それであればあえて何も発表しない方がよいといえます。

　また，一部は虚偽で一部は正しいといった，ある意味中間的な内容の

事実関係が広められて炎上しているというケースもあり得ます。その場合，虚偽部分（あるいは解釈が分かれる部分）と客観的に正しい部分がどのくらいの比率（量と重要さ）なのかによっても対応が変わってきます。虚偽部分が多いということなら，そちらを正すことに重きを置いた発表をすることになり，正しい部分が多いということなら，見解の相違がどの点から生じており，それについて会社はどう対応するか，ということを発表していくことになると思われます。

　ところで，これらを発表する方法はどのように行うべきかという問題がありますが，ホームページ上にニュースリリースを公表するというのが，基本的な対応となります。ホームページの目立つ箇所に，「お知らせ」，「NEWS」，「What's New！」などを掲載している企業も多いと思いますが，そこにニュースリリースのリンクを掲載するべきです。このような方法であれば，十分な情報量を載せることができる上，形式を整えて発表することで，「誠実に」対応しているという姿勢を見せることができるからです。

　もっとも，ホームページに掲載しただけでは，情報の拡散スピードはそれほど早くはありません。特に虚偽情報を広められている場合は，時間が勝負というところもあり，SNSなどを活用して積極的に虚偽であるということを広めていった方がよいといえます。また，一定の広がりを見せている場合は，メディアからの取材が来ているケースもあり得るでしょうから，その場合はメディアに情報を拡散してもらうということも考えてもよいでしょう。

　なお，炎上直後などは，事実関係の把握が十分にできていないケースや，そもそも事実関係の把握自体が非常に難しいというケースもあると思われます。その場合でも，炎上は広がっていってしまうので，何らかの見解を出さないことそれ自体が「暗に認めているのだ」という憶測を呼んでしまいかねません。そういったケースでは，現在調査中であるということ，現在までに判明している事実関係はこうだ，ということを整

理して発表することが考えられます。情報がないことによって不安になり、投稿が増えるといった関係もあることから、その時点で把握している情報を伝える努力を検討するべきケースもあります。その場合は、できる限り次の4つを伝えるようにしましょう。

- ・現在把握している事実関係はどこまでか。
- ・把握している事実関係を前提に、何をするか/できるか。
- ・対応策をいつまでに実施するか。
- ・実施した結果について、いつまでに発表するか。

　この場合にしてはいけないのは、推測で説明することと、感想を述べることです。憶測で述べたことが後に実際は違っていたことが判明した場合、そのつもりがあろうとなかろうと「隠蔽しようとしていた」と言われるリスクがあり、また感想を述べることは第三者的に見えてしまい、責任感のなさを感じさせてしまうためです。

③　謝罪する

　炎上した内容に関して、自身に非があると判断できる場合であれば、それが法的に間違っていたのか、あるいは法的には問題がなかったものの社会的に見れば相当ではなかったという場合は、謝罪をするという対応をとっていくことになります。

　謝罪をすると法的な責任を問われるのではないかと考えるかもしれませんが、ここでの謝罪は必ずしも法的な責任を認めるものではなく、あくまで道義的に見た場合の企業の社会的責任を認める謝罪であり、法的な責任を認めることと必ずしも同じではありません。日常生活の中で、迷惑をかけられたり不快な思いをさせられたりした場合に、謝罪もせず居直られたらどのように感じるか想像してみると、謝罪の意味がわかるでしょう。

　とはいえ、法的に間違っている場合に謝罪をすれば、法的責任を追及されるのでは、と考えるかもしれません。しかし、法的責任を追及することができるのは、契約関係がある人か、当該行為によって具体的損害

を受けた個人に限られるため，法的責任の追及ができる人は，個人情報の漏洩・流出のケースを除き，多くはならないことが通常でしょう。

　では，どのような謝罪をするべきかですが，「炎上したから謝罪する」のでは全く謝罪にならないことには注意が必要です。これは，「怒られたから謝った」というのと全く同じで，問題点を把握していないにもかかわらず，批判をしたから形式的に謝罪をしただけと捉えられ，反省が見えず，かえって火に油を注ぐことになります。謝罪をする以上は，問題点が何かを的確に把握し，誰に対して何の謝罪なのか，謝罪をする目的は何かをストレートに表現していくことが必要になります。特に，被害者と呼べる人がいるような場合は，「被害者に対して迷惑をかけた，申し訳ない」ということを第一に表し，その上で「社会に心配をかけた」ということを表す必要があります。

　そして，謝罪をする場合は，目的を明らかにする観点からも，冒頭に行うべきです。いろいろと言い訳をした上で謝罪をするという構成にすると，言い訳をしているとして，反省がないと評価されてしまうためです。また，謝罪をする上で，自分は悪くない，巻き込まれただけだ，自分も被害者だ，といった態度が透けて見えることは，絶対に避ける必要があります。過去の行動が掘り起こされて，任命しただけの人が批判されるケースのように，直接的には非がないケースも往々にしてあり得るとは思いますが，このような態度が感じられると，自身の問題として捉えていないとして批判を浴びかねません。このような態度を感じさせてしまう表現としては，「遺憾に思う」，「誤解を招いた」，「結果として」，「不快にさせたなら謝る」といったものが挙げられます。

　「遺憾に思う」という表現は，「残念に思う」という意味で，本来謝罪の意味がない上に，残念に思うということは他人事のように捉えていると受け取ることができます。

　「誤解を招いた」という表現は，真意とは異なる解釈をされてしまった場合に使われる言葉ですが，考え方・真意には問題はなく，説明不足

や言葉足らずであった点について謝罪する言葉です。しかし，伝わらなかったのは正しく真意を解釈しない受け手側に問題があるのだ，と暗に受け手側を批判しているように感じられてしまう場合も少なくありません。

「結果として」という表現は，その段階までの言動や行動に問題はなかったという考えを前提にしていると受け取られる言葉であり，世間から批判されたからひとまず謝るという形で，悪いとは思っていない，反省していないと解釈されがちです。

「不快にさせたなら謝る」という表現は，不快になるかどうかは受け手の問題であり，自身には責任がないということを前提にしているため，謝罪したことにはなりません。

炎上の直接の原因が自身にない場合であっても，たとえば身辺調査が不十分だった，従業員教育が不十分だった，スマートフォンの管理が不十分だったといったことが考えられるでしょう。自身の対応に不十分さがあったからこそ炎上しているとも捉え直すことができ，そういった観点から責任を他者に押し付けるような表現をしていないか，自身の問題として捉えられているかを検討するとよいでしょう。そして，今後同様の問題を起こさないためには，どのような体制・態勢を取っていくべきかまで考え，これを明らかにすることができれば，説明に説得力が生まれるので，可能であれば，そこまで考えた発表ができるとよいといえます。

加えて，不祥事に基づく炎上である場合は，不祥事を起こした人がいるはずであり，その人がどのような処分を受けるのかということに注目が集まっている場合があります。不祥事を起こしたのに，元の立場に収まっているというのでは，世間の処罰感情が収まらないとして炎上が収束しないケースがあるのです。そのようなケースであれば，不祥事を起こした人に対して，適切な処分をしたということを発表することも検討されるべきでしょう。ただし，事実関係の解明途中で処分を発表すると，

「都合の悪い関係者を切った」，「口封じをした」などといわれることも
あるため，タイミングは慎重に考える必要があります。

5 ｜ 炎上を防止するための対策

（1） 炎上はもはや避けがたい

　炎上は，「社会経験の乏しい若者が起こす」と考えている人は多いの
ではないかと思います。たしかに，いわゆるバカッター，バカスタグラ
ム，バイトテロなどと呼ばれる投稿がされるケース，たとえばコンビニ
エンスストアの冷蔵庫に入って撮影した画像等が投稿されるケースは，
2013年，2014年，2017年，2022年と定期的に行われており，このよう問
題は若者が起こしている傾向が強いといえます。

　しかし，炎上の原因は必ずしもそういったものだけではありません。
非公開の集会やセミナーでの，リップサービスのつもりの発言が失言と
してSNSで指摘されて炎上したり，男女の役割に対する固定的な考え方
を表明することで，いわゆる「ジェンダー炎上」が発生したり，また，
企業SNSの担当者が失言をしてしまうということもあるでしょう。これ
らの炎上は，若年層よりも昭和の価値観を有していることによって生じ
ているともいえ，炎上の発生原因は中高年にも同様に存在しているので
す。むしろ，大人になってからSNSが出現し，SNSの使い方等について
の教育を受けていない中高年の方がリスクは高いとすら言えるかもしれ
ません。

　そのため，炎上は，もはや「自身のする発信に注意していれば避ける
ことができる」といった単純なものではなくなっています。第三者の告
発的な投稿がされたことにより炎上したり，発信した当時は問題がな
かったものが突然炎上したり，当事者であると誤認されて炎上したり
と，多種多様な事情で炎上に巻き込まれるようになっているのです。

そのため，炎上を一切発生させないようにするというのは，現在では無理なこと，と考えておくことが必要です。もっとも，できる限り炎上を発生させないためにはどういった対策ができるかということは考える必要があるといえます。

炎上は，その投稿等を見たときに不快だと感じる内容が多数の人の共感を呼んでいる状況であるといえます。そのため，不快だと思われるような発信をしない・させないようにすることが，抽象的に言えば，基本的な対策ということができます。

（2） 企業が炎上する場合

バカッターやバカスタグラムのために企業が炎上に巻き込まれる例以外にも，企業自身が炎上の中心になってしまう例が増加しています。炎上の理由は色々とあり，何らかの不適切な行動があったとか，不祥事があったと評価できる場合に炎上に至ります。炎上の類型を観察すると，大きくは①ジェンダー型，②告発型に分類することができそうです。

① ジェンダー型

いわゆる「ジェンダー炎上」と言われるもので，ジェンダーバイアス（男女の役割について固定的な観念を持つこと）に基づくもの，女性を蔑視・揶揄していると捉えられるもの，女性を性的に消費していると捉えられるもの等があります。現状，最も企業が炎上しやすい類型といえるのではないかと思われます。

ジェンダーバイアスの典型例は，「男性は仕事，女性は家庭」という考え方です。現在では，女性だからこれをすべき，男性だからこれをすべきといった性差による役割論はかなり小さくなっており，「女性は」「男性は」といった表現では，もはや主語が大きすぎるという考えが広がっているため，表現の仕方によっては，料理や掃除をしているのが女性という描き方をするだけで批判を受けるリスクがあります（実際，最近のCMでは男性が料理や掃除をする役割を演じているものが多くあります）。

女性を蔑視・揶揄しているというのは，男性側からの視点で女性をカテゴライズしたり，「こういうもの」と決めつけているようなものです。このタイプの炎上もそれなりにありますが，たとえば，2018年，キリンビバレッジのTwitter公式アカウントが，「みなさんの周りにいそうな＃午後ティー女子」として，４枚のイラストを添付する投稿を行ったものが，女性をばかにしているとして炎上した事案や，同年，呉服店の銀座いせよしの広告のコピーに「ハーフの子を産みたい方に。」等のが添えられていたことから，「着物を着ると外国人男性からナンパされるようになるという趣旨か」などとして炎上した事案，2019年，ロフトがバレンタインデーに合わせて，「女の子って楽しい」をコンセプトに展開したウェブCMが，本音と建て前を使い分け，裏では足の引っ張り合いをしているという女性蔑視の内容であるとして炎上した事案などが挙げられます。

　女性を性的に消費しているというのは，女性を男性に性的に消費されるだけの存在であるかのように描いているCM等を指します。かつては，水着姿の女性がビールジョッキ片手に微笑んでいるといったビールメーカーのポスターが当然のように許容されていたわけですが，現在においては，女性が水着でビールを持っている必然性が何かあるのかと捉えられるようになっています。このタイプの炎上も色々なものがありますが，2017年，サントリービールの「絶頂うまい出張」と銘打たれた動画がアダルトビデオを想起させるものとして炎上した事案や，2020年，ストッキングメーカーのアツギが，公式ツイッターでイラストレーターに描いてもらった商品を着た女性のイラストを複数投稿したところ，短いスカートで下着が見えそうなものが含まれるなど性的に見えるものも多かったために，タイツを性的に見ているとして炎上した事案などがあります。

　上記の銀座いせよしの炎上は，広告自体は2016年に掲出されたものである一方，炎上したのは2018年です。２年が経過してから突然話題にな

り炎上したわけですが，このことから，以前に発表されていてしばらく問題にされていなかったものであっても炎上リスクがあることが分かります。

② 告発型

告発型は，不当な扱いなどを受けたとか，不適切な発言があったということがインターネット上に公開されることによって生じる炎上です。この告発の内容は，必ずしも違法なものに限られるわけではなく，社会一般の人から見た場合に「あり得ない」という共感を得るものであれば炎上に至ってしまいます。

たとえば，2019年，化学・素材メーカーのカネカに勤務する男性社員が，育休復帰直後に転勤を言い渡され，延期の申し出も受け容れられず，退職に至ったということが SNS に投稿されたところ，パタニティハラスメント（男性労働者が，育児のための休暇や時短勤務を希望した際に嫌がらせを受けることを指します）であるとして炎上した事案が指摘できます。

また，不適切発言については，たとえば，2022年，吉野家の常務取締役が早稲田大学の社会人向け「デジタル時代のマーケティング総合講座」で「生娘をシャブ漬け戦略」などと発言したことが SNS に投稿され，女性蔑視である，人権やジェンダーの観点から問題であるとして炎上した事案が指摘できます。この事案は，企業の役員や従業員が直接 SNS で発信した内容が問題になっているのではなく，オフラインの場での発言が SNS（オンライン）に"中継"されたことによって炎上している点が特徴的です。オフラインであるという安心感からリップサービスをしたものが，SNS に拡散され炎上するということは，政治資金パーティーを主催，あるいは参加した政治家などでしばしば起こっています。オフラインの場での発言であるからといって，その場だけでは終わらなくなってきているのが，今の時代といえます。

（3）　SNS 利用者の心理

　炎上の理由には色々なものがありますが，バカッター，バカスタグラムや，SNS での失言等が炎上原因になることがあります。このような発信がなぜ出てくるのかを検討すると，以下の 4 つの理由が指摘できるのではないかと思います。

　　① SNS が公開されているという認識の欠如
　　②社会常識の欠如
　　③自己承認欲求・自己顕示欲・独自の正義感
　　④匿名であることの安心感

①　SNS が公開されているという認識の欠如

　SNS は，特に公開範囲を限定するという対応を取っていなければ，ネットを通じて全世界に公開されています。多くの人が SNS をスマートフォンを通じて利用していますが，ネットに繋がっていることが日常になった結果，「ネットに接続されている」ということをきちんと理解していない人がいます。

　たとえば，「Twitter」でされた投稿に対して全く面識のない人から批判的な指摘を受けた場合，「人の『Twitter』を勝手に見るな」と言い返す例を見かけます。そこには，自分が「Twitter」でつぶやいたことは自分の仲間内やフォロワーのみが見ていて，関わりのない人には見られていないという認識が前提にあります。メールや DM であれば特定の人に対してメッセージなどを送ることができ，意図的にネット上に公開されない限りはその内容が公開されることはありませんが，しばしば SNS でのやり取りをメールや DM のように使っている例が見受けられ，このことから生じている勘違いといえます。

　また，炎上して「特定」をされてしまっているケースなどによくある相談ですが，「自分の情報が晒されている」という指摘を受けることがあります。しかし確認してみると，仲間内だけのやりとりだと思って気軽に公開していたものが，後年に発掘されて，本人の意に沿わない形で

利用されているだけというケースがほとんどです。このような場合，プライバシー侵害を主張していく余地はあるにしても，自分で公開していた以上は権利侵害がないと判断されてしまう可能性も十分にあり得，事後的な対応は簡単ではありません。

　そのため，発信するということは情報を公開することだ，という認識を持っておくことが必要です。それがないまま SNS で書込みをしていると，友達に対する「ウケ狙い」として，**第1章1事例3**の北村延生さんのように，一般常識に反する動画をアップロードするような事態が起きてしまいます。このような軽はずみな行動は企業の直接的な損害にもつながります。

　なお，SNS 上の友人が少ないからといっても，リスクが小さいわけではないという点には注意が必要です。**第1章1事例9**で考えると，香田将輝さんのフォロワー（「Instagram」アカウントを購読している人）が仮に100人の場合，香田さんの投稿は原則としてフォロワー100人にしか配信されません。ただ，100人のフォロワーのうちの1人が，その投稿をスクリーンショットして，それを「Twitter」に投稿した場合，そのフォロワーに投稿が拡散されることになります。加えて，そのフォロワーがさらにツイートをリツイート（転載）したとすると，より多くの人に投稿が配信されることになります。さらに，その人のフォロワーがリツイートすることも当然あり，こうやって記者の目に留まるというようなことが起きるのです。こうした状況が複数人により同時並行的に起きる可能性があるため，香田さんの投稿は爆発的に広がっていくことになります。仮にSNS の公開範囲を友人限定にしていても，同様のことは起こりえます。「Instagram」のストーリーズでの不適切な動画が炎上するのも，まさにコピーが容易にできてしまうからです。

　同じ観点から，仮に「Twitter」で鍵アカウント（非公開アカウント）にしているとしても，安心するべきではありません。ネット上でつながっている人は，全員が，現実に「会って」，「話したことがある」人だけでしょ

うか。おそらくそうでない方の方が多いのではないかと思います（ただし、それが悪いわけではありません）。中には悪意を持って近づいている人がいるかもしれず、そのような人は、仲間内での秘密の内容であると思って投稿した内容を、スクリーンショット等で拡散するおそれがあります。そういったリスクもあるということは認識しておいた方がよいといえます。

② 社会常識の欠如

　ネットは何をしてもよい場所だと考えている人は少なからずおり、「ネットにはモラルがない」と言われてしまうこともあります。しかし、一般常識や見識が疑われるような書込みに対してきわめて厳しい反応を見せ、一斉にバッシングが行われるというのもネットの特徴といえます（このバッシングが炎上と言われるものの一類型でしょう）。

　2013年ころ、飲食店などのアルバイト従業員が業務用冷蔵庫に入ったり食品の上に寝そべったりした写真を撮って、「Twitter」にアップロードするということが相次ぎました。まさに、**第1章1事例3**の北村延生さんのケースです。このころから、バカとツイッターを掛け合わせた「バカッター」という言葉が用いられるようになり、もっぱらアルバイト従業員がそういった投稿をしていたことから「バイトテロ」とも言われるようになりました。その後、「Instagram」のストーリーズを起点として同じようなことが行われる事例が相次ぎ、2018年ころからは、バカとインスタグラムを掛け合わせた「バカスタグラム」という言葉が用いられるようになりました。

　また、未成年者が飲酒、喫煙をしていることが分かる投稿、スピード違反を自慢する投稿など、違法行為の自慢するような投稿もしばしば目にします。しかし、「普通の人はやれないけど俺は違うぜ」といった感じで、ある種「武勇伝」的に内輪ウケを狙っている例が多く、そのコミュニティでは問題とされていないことがしばしばです。しかし、常識的に考えて、やってはいけないことを発信してしまうと、①で述べたように

リスクでしかなく，世間一般からはそのような行動が許容されるものではないといえます。

　加えて，意識的ではないにしても，違法行為をしているケースは批判を浴びがちです。たとえば，線路の軌道敷内に立ち入った写真を投稿している場合などが挙げられます。

　狭いコミュニティの中にいると，どうしても「内輪のノリ」のために社会常識が見えにくくなっていることがあります。少なくとも，発信をしてしまう前にそのことに気づけるようにすることが必要といえます。

③　自己承認欲求・自己顕示欲・独自の正義感

　SNSを利用するのは，情報・意見交換のためという側面があることに加え，自己承認欲求や自己顕示欲を満たしたいからという人が多いであろうと思います（意識的にそのように思っていないとしても，注目されたい，沢山のいいね・リツイートをされたい等と考えているということであれば，自己承認欲求を満たすためといえます）。そのこと自体は悪いわけではなく，適切な内容でそれを満たすことができていればよいのですが，時に，他の人とは違うことを「見せつける」ために，過激な発言や極端な意見，場合によっては犯罪自慢などを書き込む人が出てきます。

　また，そこまでいかなくても，自分の考えだけが正しい，自分の考えがわからない人はバカだ，といった独自の考えを持っている人も少なからずいるように見受けられます。そのような方は，アルゴリズムが利用者個人の検索履歴やクリック履歴を分析・学習することで，個々のユーザーが見たいであろうと推測される情報が優先的に表示される“フィルターバブル”と，自身と似た興味関心を持つユーザーとの交流によって同種意見のみが返ってくる“エコーチェンバー”という現象によって，自身の考えを一層先鋭化していく傾向があります。ネット上にまことしやかにささやかれる陰謀論にはまりやすい人も，このようなフィルターバブルとエコーチェンバーの結果といえます。

　過激な発言や極端な意見，陰謀論が発信されていると，他者から見れ

ば極端な行動に見える上，視野が狭くなっているため間違いを認めよう
としませんし，本心では間違っていたと思っても謝罪するという行為
は，プライドに関わるので受け入れられません。そのため，反論を行い，
その都度間違いを指摘され続けるといった状況が生じます。そして，こ
のやり取りはネット上で公開されていることが多く，ある意味お祭り騒
ぎとして注目を集めてしまうことになります。

　SNSには色々な考えの人がおり，専門家も情報発信を行っています。
他者から学ぼうという謙虚な姿勢を持つことも，炎上しないためには重
要です。

④　匿名であることの安心感

　ネットには匿名性が高いという特徴があります。Facebookは実名制
であるとされていますが，必ず本名でなければ登録できないというわけ
ではないですし，その他のSNSではハンドルネームを自由に設定できま
す。掲示板などは，そもそもアカウントすら不要で，自分が誰かを明か
さずに投稿することが可能です。実際，多くのSNSアカウントは匿名で
の登録がされていることがほとんどであり，匿名であるがゆえに，意見
を気兼ねなく発信できるという側面があります。

　内部告発などは，匿名でなければ自身の身にリスクが及ぶといった問
題もあるため，匿名により投稿ができること自体は悪いこととは言い切
れない側面があります。しかし，匿名性があることによって，面と向かっ
て言うことができない言葉を気軽に発信しているという側面があること
は否定しがたい傾向と思えます。たとえば，「死ね」などの暴言や卑猥な
言葉を多数浴びせかけるといったことは，面と向かってはなかなか言え
ないと思いますが，相手の顔が直接見えないネットを経由すると気軽に
言えるという状況が存在しています。このような投稿は，意識的かどう
かはさておき，自分が誰だか分からないだろうという安心感の下に行わ
れていることは明らかで，匿名性を悪用したものということができま
す。しかし現実には，これまで説明したとおり，発信者情報開示請求な

どを通じて，誰が書き込んだかを特定することは可能です。

　また，「特定班」と呼ばれる，SNS などで発信された情報をもとに個人を特定する人たちが存在しており，かなりの精度でどこの誰なのかがわかってしまいます。このような「特定」は，個人が炎上すると最初に行われるくらい一般的になっており，特定されるとその情報がまとめサイトやトレンドブログに掲載され，いわゆるデジタルタトゥーとして残っていくことになります。そのため，形式的に「匿名」だからといって安心してはいけないのです。

　これらはそれぞれ別個独立というより，複雑に絡まり合って炎上の温床になっています。

　また，これらは本来，SNS との付き合い方の一環として家庭や学校において教育されるべきものと言えます。最近では一定程度そういった教育もされるようになってきているようですが，まだまだ十分とはいえません。また，学生と社会人とでは拠って立つ前提や考え方にも違いがあり，家庭や学校での教育で十分であるということも言えません。

　多くの人は，「自分は大丈夫」だと思っていて，自分にも起こりうる問題であると認識していないこともあり，社会に出るときに社員教育などで一定の知識を入れていくことが重要であるといえます。

（4）　炎上を避けるためにすべきこと

　炎上を避けるためには，至極当然のことではありますが，炎上するような発信をしないことが重要です。

　人を不快にさせるような内容が炎上しやすいものといえるため，個人の発信として気を付けるべきことは，まず，他者に対する中傷や人格攻撃，あるいは差別発言をしないということです。しかし，SNS の中には色々な立場や考え・価値観の人が存在しているのであり，異なる考えを有している人との間で議論などになってしまう状況もしばしばみかけま

す。議論になると，いきおい攻撃的な発言に繋がりやすく，注意が必要です。議論をするのであれば，自分の考えに対して批判がありうることも覚悟しておくことが必要ですし，自分の価値観を押しつけないことも重要な視点といえます。

　なお，政治，宗教，思想・信条，歴史観など，デリケートな話題については激しい議論が生まれてしまいがちであり，なるべくならSNSで発信しないようにした方がリスク回避につながるでしょう。また，飲酒時や気分が高揚しやすい深夜などは，理性的なつもりであっても言い過ぎてしまっていることもしばしばです（このような現象は「真夜中のラブレター現象」などと呼ばれたりするようです）。そのため，飲酒時や深夜の投稿も避けた方がよいでしょう。

　また，社会常識に反するようなものや違法行為（交通違反，無銭飲食，暴行・脅迫，未成年飲酒，著作権違反等）の自慢も大きな批判を呼ぶことになるため，これらも行わないことが必要です。しかし，自分は正しいと思って発信したのに，世間から見ればそれは非常識だったということも十分あり得る事態であり，何が社会常識なのかというのは非常に難しいところです。特に，時代の移り変わりによって，以前は当然だと思われていたことが今は当然のことではなくなっている，ということも増えています（例として，前記のジェンダー炎上など）。そのため，炎上を避けるためには，世間においてどのような意識が持たれているのか，世間の風潮，空気感のようなものを捉えていくことが必要になってきているといえます。

　SNS利用者の心理も含め，なぜ炎上するかを考えた際，以下の各点に留意しておくと，炎上しにくいのではないかと思います。

資料 5-5-1	炎上を避けるための 10 か条
その1	インターネットは世界中に公開されたものであると認識する。
その2	SNS 上の「友人」は本当の友人ではない可能性を考えておく。
その3	オフラインでの発言であってもオンライン（SNS）に載せられる時代であると認識する。
その4	他者に対する中傷や人格攻撃，差別発言をしない。
その5	色々な立場や考え・価値観の人が存在していることを許容する。
その6	政治，宗教，思想・信条，歴史観など，デリケートな話題は避ける。
その7	飲酒時や深夜の投稿は避ける。
その8	社会常識に反する発信をしない。
その9	違法行為の自慢をしない。
その10	ネットの匿名性に過度な期待をしない。

（5） 企業における炎上への事前対応

　企業が炎上の中心になってしまうことが増えており，それを防止するために企業として事前にできることを指摘しておきます。

① 顧客対応マニュアルの整備

　第1章1事例1の横田愛梨紗さんのように，従業員の対応が問題だったとして炎上する事例が見受けられます。おざなりな顧客対応について告発するようなブログや SNS は多く，また，問題があるとして本社などに問い合わせた場合でも，たらい回しにされたとか，いつまで経っても回答がない，紋切り型の対応をされたといった告発がされることもあります。

　告発がされると，それに触発され，同じような経験をしたというコメントが多数されることも少なくありません。最近では，google マップのコメント欄にスポットのレビューという形で批判が書き込まれる事例も増えています。

　至らない顧客対応や説明不足は，炎上につながりかねない状況を生みます。顧客に不満を残さない対応をすることで，炎上のリスクを減らすことができるといえます。そのためには，顧客対応マニュアルを整備し，

それを個々の従業員が実践できるようにする必要があるでしょう。

② チャイニーズ・ウォールの設定

チャイニーズ・ウォールとは，企業の部署間の情報障壁のことです。他の部署の情報に触れられないようにしておくことが，情報流出の際には有効であるため，情報障壁を整えることも炎上対策として有効です。ただ，厳格に運用しすぎると，スムーズな顧客対応ができないなど問題が生じることもあるでしょう。そのため，職位や職務分掌に従ってアクセスできる情報を決め，アクセス制限をかけた上で，IDとパスワードがなければ情報を閲覧できないようなシステムを作るなどの方法を取りましょう。

③ 就業規則の整備

従業員に不祥事があった場合，企業としてその従業員に懲戒などを行うためには，就業規則で懲戒事由と懲戒の内容を定める必要があります。SNSの利用に関する特別な規程が必ずしも必要というわけではないですが，就業規則の定めがない限りは懲戒処分をすることはできないため，定めていない場合には早急に定めておくべきでしょう。

一般的には「社内の秩序および風紀を乱したとき」や「会社に損害を与えたとき」には懲戒事由に当たるとしている企業が多く，従業員の行きすぎた発信によって，企業も炎上に巻きこまれた場合は，これに当たるとして対応していく余地があるでしょう。ただし，これらに当たらないものの何らかの対応をしたい場合や，よりきめ細かい対応が必要になる場合もあるでしょう。そうであれば，SNSなどの利用に関する懲戒事由を，次のように定めることができます。

■■ 資料 5-5-2	就業規則への SNS に関する記載例

第●条
1 従業員は，ソーシャルメディアを利用して情報発信を行う際，次の各号に掲げる情報を匿名であるとしても発信してはならず，これに該当する事実が認められた場合は，就業規則○○条に基づき懲戒処分を行う。

①業務上知り得た会社の情報（営業上・経営上の情報，ノウハウや知的財産等に関わる情報，顧客・従業員の個人情報等を含むが，これらに限らない）

②会社の信用を毀損する情報

③違法行為または違法行為をあおる情報

④誹謗中傷，他人のプライバシーその他の権利を侵害する情報

⑤人種，思想，信条等の差別，または差別を助長させる情報

⑥単なる噂を助長させる情報

⑦その他公序良俗に反する一切の情報

2　従業員は，会社が，前項に該当する発信があると判断し，当該発信の削除を指示した場合，それに従わなければならない。

　なお，企業から見れば，SNSが使われなければ炎上に巻きこまれるリスクも減らせるということになるため，従業員にSNSを使用させないことができないかと考えることもあるでしょう。企業がパソコンやスマートフォンを貸与している場合，これらの機器は業務に使用する前提で貸与しているため，これらを私的に利用することを禁止すること，つまり貸与機器でのSNS使用を禁止することは可能です。

　しかし，従業員は，会社の指揮命令に服しつつ職務を誠実に遂行する義務（職務専念義務）があるものの，この義務はあくまで就業時間中のみで，それ以外のプライベートの使い方について指示を受ける理由がありません。したがって，従業員が私的に使用するスマートフォン等でのSNS使用を制限することはできません。

④　ソーシャルメディアガイドラインの策定

　SNSやインターネットの利用は，企業の公式アカウントの運用などを除けば，基本的には個人が自由に使用しているものであるため，会社の規則として守らせることは難しいといえます。もっとも，会社としては，自由奔放に発信されてしまったことによって炎上したり，損害が生じるといったことは避けたい事態です。

　そこで，従業員に対して，会社としてはSNS等とどのように付き合ってもらいたいのかという指針を示すことが考えられます。こういった指針を示したものは，「ソーシャルメディアガイドライン」「ソーシャルメ

ディアポリシー」などと呼ばれていますが，これを作成していくべきでしょう。

　ソーシャルメディアガイドラインでは，それを定める目的や，SNS等を利用する際の心構えを示すほか，炎上しやすいポイントは何かといったことを説明するとよいですが，インターネットやソーシャルメディアに関するリテラシーは人によって大きく異なり，物事に対する考え方も異なるため，できるだけ具体例を盛り込んで平易で分かりやすい内容にすることを心がけるべきです。

　また，SNS等の使用をなるべく控えさせたいという立場からすれば，「あれをしてはいけない」，「これをしてはいけない」といった内容にしたくなりますが，そもそも私的に使用するSNS等の利用について，何かを強制させるということはそもそも難しい上，なぜプライベートにまで踏み込んでくるのかといった反発を受ける可能性も大いにあります。そのため，あくまでも会社として望むSNS等との付き合い方を示し，仮に従業員自身が炎上した場合には，最も被害を受けるのは本人であるということを気付かせるような内容にするのがよいといえます。

　また，炎上してしまったとか，炎上しかけている場合等のトラブルが生じた場合の情報収集の観点から，会社の連絡先・相談先を明記しておくべきです。これを定めることで，何か問題があったときに，会社としてどの部署がどのように対応するのかのルール作成を促すことができるでしょう。

　なお，ソーシャルメディアガイドラインに違反したとしても，あくまでもガイドラインである以上，罰則があるわけではありません。もっとも，ガイドラインに抵触する内容が，結果として就業規則にも抵触しているということであれば，懲戒処分があり得ることになります。

⑤　守秘義務誓約書の取得

多くの企業では，入社時に従業員から守秘義務誓約書の差入れを受けたり，守秘義務契約書を取り交わすなどしていると思います。

このこと自体は必要なことであるものの，入社時に書く色々な書類の一つであり，形式的な書類であると捉えられていることが多く，重視されていないのが実態ではないかと思われます。そのため，取り交わしや差入れを受ける際や，研修時などに，条項の意味内容をきちんと説明するといった対応を取ることが必要不可欠です。

また，守秘義務の対象となる事項を具体的に定めることで，従業員に対する意識付けを行うことも必要です。しばしば，「就業中に知り得た貴社に関する情報を口外してはならない」といった条項が定められていることがありますが，この内容だと，仕事に関することは全て，といっているのと同じですが，そのような包括的な禁止は現実的ではありませんし，実際に形式的に会社のことを発信していたとしても，これに違反するとして処分している例もないでしょうから，空文化しているといえます。そのため，会社としてどのような情報を公開されたくないのかを検討し，たとえば，「顧客に関する情報」「商品流通経路」「仕入値」「財務・人事情報」など，具体的な情報を秘密情報として指定するべきです。

そして，「口外してはならない」とすると，口頭で話すことだけが規制されていると誤解する人もいるため，それに限られないこと，具体的には「口頭で話すことのほか，書面，電磁的媒体（SNS，インターネット掲示

板への投稿のほか，Ｅメール，LINE，DM 等のチャットツールによるものを含む）により公開してはならない」といった定め方が考えられます。

　さらに，退職後であれば自由とすると問題があるため，退職後であっても契約・誓約は有効であると明記しておくべきです。

第6章
個別サイトへの対応

1 │ 個 別 サ イ ト に 共 通 す る こ と

　ここからは，代表的なサイトに対する個別の対応法を見ていきます。

　説明はもっぱら削除依頼に関する方法になります。削除依頼の場合は，オンラインフォームなどが用意されているサイトも多いため，ネット上で手続ができるのですが，開示請求の場合は削除よりもハードルが高く，少なくとも発信者情報開示請求書と本人確認書類の郵送による手続が必要であったり，裁判手続が必要になったりするサイトがほとんどです。そのため，開示請求については，郵送または裁判による手続か裁判手続が必要だと考えてください。

　なお，削除をしてしまうと，ログの削除も一緒にされてしまい，発信者の特定ができないことが十分ありえます。特定をするつもりならば，削除依頼をする前に，または少なくとも削除依頼をするのと同時に，開示請求もした方が安全です。

2 ５ちゃんねる
(5ch.net)

「５ちゃんねる」とは，かつては「２ちゃんねる」と呼ばれていたサイトのことであり，フィリピン法人である「Loki Technology, Inc.」が運営会社となっています。

「５ちゃんねる」は，もともとのサイトである「２ちゃんねる」の管理権と商標をめぐる争いから生まれました。もとは「2ch.net」というドメインで運営されていた掲示板で，西村博之氏が運営者でしたが，その後「PACKET MONSTER INC. PTE. LTD.」というシンガポール法人が運営者（ただし，実質的な管理者は西村氏）となりました。内部的な対立から西村氏が管理権を失い，別途「2ch.sc」というドメインで「２ちゃんねる」を立ち上げました。そして，西村氏は「２ちゃんねる」の商標権を取得していたので，その点についての争いが生じ，西村氏が東京地方裁判所での裁判で商標についての争いに勝訴しました。その結果，「2ch.net」の「２ちゃんねる」は「５ちゃんねる」に名称変更するとともに，ドメインを「5ch.net」に移行させました。

したがって，「５ちゃんねる」のほかに「２ちゃんねる」が存在していますが，もともと存在していた「５ちゃんねる」に書込みをする人が圧倒的に多いようです。

まず，「2ch.net」の削除方法について説明します。

① **トップページから「削除ガイドライン」をクリックする**

「５ちゃんねる」のトップページを開くと，トップページ右側に「削除ガイドライン」というリンクがあるので，こちらをクリックしてください。スマートフォンからアクセスする場合には，ページ最下部に「削除について」というリンクがあるのでこれをタップしてください。そうすると，「削除要請板」へのリンクがあるので，それをタップしてください。

「ハッキング」から「今晩のおかず」までを
手広くカバーする巨大掲示板群『5ちゃんね
る』へようこそ！

インフォメーション

- 使い方＆注意
- プレミアム浪人
- ヘッドライン
- ニュース
- 地震速報
- 投稿数
- 過去ログ倉庫
- 削除ガイドライン ← こちらをクリック
- 5chまとめブログ・アプリ運営者の皆
  さまへ

▶引用元：https://www.5ch.net/

5ちゃんねる削除体制

【基本原則】

1. 表現の自由は最大限保障されるべきものである。
2. ただし、表現の自由も絶対無制限のものではなく、他人の権利を侵害するものについては削除を行う。削除理由については具体的には明示しないこともあります。
3. ただし、異議を申し立てる機会を与え審議の結果、削除された記事が再掲載される可能性はある。

【削除フロー】

1. 権利侵害を主張する者は、メール（meiyokison@5ch.net）で削除要請を出すことができる。

　　こちらにメール

↓

※削除要請の際には、
　件名　削除申し立て
　内容　ＵＲＬ
　　　　レス番号
　　　　削除理由
　　　　理由を根拠付ける資料があれば添付
　　　　本人確認のための資料
　を添付するものとする。

↓

理由及び資料を踏まえ削除の是非を判断する。

メール（meiyokison@5ch.net）にて異議を申し立てる機会を与える。異議申し立て期間は記事が削除されてから7日間とする。

※異議申し立てに際しては、
　件名　削除異議申し立て
　内容　ＵＲＬ
　　　　レス番号
　　　　異議申し立て理由
　　　　理由を根拠付ける資料があれば添付
　　　　本人確認のための資料
　を添付するものとする。

↓

削除人が、異議申し立て理由及び資料を踏まえ記事を再掲載すべきかの判断を行う。

▶引用元：https://ace.5ch.net/saku2ch/

そうすると,「5ちゃんねる削除体制」という削除に関する方針が記載されているページに移ります。

② 削除依頼メールを作成して送信する

こちらにあるとおり,「meiyokison@5ch.net」にメールを送ることで削除をしてもらえる可能性があります。メールを送る際は,件名を「削除申し立て」とした上で,内容として,「URL」「レス番号」「削除理由」を明記した上で,理由を根拠付ける資料,本人確認のための資料が必要であるとされています。本人確認のための資料とは,身分証のことであり,たとえば免許証,マイナンバーカード,写真付き住民基本台帳カード,パスポート,健康保険証,学生証などが考えられます。ただし,「5ちゃんねる」においては,印鑑証明書は本人確認のための資料と認めてもらえないので注意が必要です。

削除理由については,以下のとおり,「5ちゃんねる」側が判断基準を示しているので参考にするとよいと思います。

■■ 資料6-2-3 「5ちゃんねる」権利侵害の判断基準

- 権利侵害とは何か。
  法的保護に値する利益を侵害すること、をいう。法的保護に値する利益は、時代とともに、変化するものである。以下は、一般的に裁判上も認められている利益である。
- 削除は、リクエストのあった記事について、対応の可否を判断するものとする。
  1. 名誉
     個人ないし法人の社会的評価を低下させる事実を摘示するもの。
  2. プライバシー
     人の名前（イニシャル等であっても、個人の特定）、住所、家族の名前、電話番号等の組み合わせで、個人のプライバシーを侵害していると判断できるもの。
  3. 平穏に生活する利益
     他人に危害を加えることを予告するもの。
     悪質な殺害予告については、掲示板上で公開することがある。
  4. 社会に害悪が生じる現実的危険性がある情報
     例えば、爆弾を製造する方法、薬物の売買をうかがわせる情報
- 犯罪に関する情報及び法人に関する情報の場合は、原則として、裁判手続きによって仮処分を取得して、司法判断を待つことにする。

▶引用元：https://ace.5ch.net/saku2ch/

実際の削除依頼のメールの例は次のとおりです。

資料 6-2-4　「5ちゃんねる」削除依頼メール記載例

5ちゃんねるメール削除受付　御中

突然のご連絡失礼いたします。
以下について削除いただきたくメールいたしました。

URL
http://matsuri.5ch.net/test/read.cgi/xxxx/123456789012
レス番号：1+2+3+4+5

削除理由
私は〇〇という貸家に勤めている〇〇という者です。上記 URL のレス番号で
は、私が不倫をしているとか横領をしているなどと書き込まれています。
私の苗字は珍しく、会社には私しかこの苗字の人はいません。ですので、社名
が入っているスレッドに私の苗字が書かれていれば、私のことだと思われてし
まいます。
私には交際している人はいませんし、会社での仕事も経理などではなく営業の
下っ端で何の権限もありません。営業先からお金を預かるような仕事でもあり
ません。そのため、横領などできるはずもありません。
このように、書き込まれた内容は全く事実無根で、私の名誉を毀損するもので
あるといえます。そのため、対象について削除いただければと思います。

〇〇　拝

注：＊1　宛先に「meiyokison@5ch.net」を入力します。
　　＊2　件名は「削除の申立て」とします。
　　＊3　添付資料として，「本人確認のための資料」を添付します。また，「理由を根拠付ける資料」があれば，それも添付します。
　　＊4　URL を明記する必要があります。
　　＊5　同様に，問題と考えるレス番号も明記します。レス番号が複数ある場合，半角の「，」（カンマ）か「＋」（プラス）で繋げてください。
　　＊6　どのような理由で削除したいのか明記しましょう。ここでなぜ自分のことが書かれていると分かるのか（同定可能性）も説明してください。

　このようにメールを出すと，権利侵害があると認めてもらうことができれば，早ければ 5 〜 7 日程度で削除してくれます。メールの内容が公開されることはありません。削除をしてくれる場合は，削除した旨のメールが届きます。他方で，削除が相当でないと判断された場合には，その旨のメールが届くか，そもそも連絡がないこともあります。

　なお，「犯罪に関する情報及び法人に関する情報の場合は，原則として，裁判手続きによって仮処分を取得して，司法判断を待つことにする」とされています。たとえば，**第 1 章 1 事例10**のような逮捕報道がコピー＆ペーストされた書込みや，**第 1 章 1 事例 5**のような会社がブラック企業であるといった書込みについては，仮処分が必要になるということです。このような書込みについては，このメールを送っても対応してもらえない可能性が高く，特に法人に関する情報については対応してもらえません（なお，法人に関する情報には，法人だけではなく個人が事業として行っているものが含まれる場合もあります）。犯罪に関する情報については，不起訴になっていたり，事件から相当程度時間が経過している場合には対応してもらえることもあるため，メールを送ってみてもよいでしょう。

3 | 2 ちゃんねる
(2ch.sc)

　次に，「2ch.sc」は，「5ch.net」をコピーして表示しているサイトですが，単なるコピーサイトではなく，「2ch.sc」において独自に書き込みをすることができます（その結果，「5ch.net」とはレス番号がずれることがあります）。また「5ch.net」はレス1000までしか書き込めませんが，「2ch.sc」にはそのような制限がないという違いもあります。そして，「5ch.net」での削除がされても，その削除は「2ch.sc」には反映されません。「2ch.sc」に表示がされている以上，「5ch.net」で削除されても，「2ch.sc」に対しても削除依頼をする必要があります。

　そこで，「2ch.sc」の削除方法について説明します。

① **トップページから「削除ガイドライン」をクリックする**

　「5ch.net」と同じように，「2ちゃんねる」のトップページにアクセスします。そうすると，「削除ガイドライン」というリンクがあるので，こちらをクリックしてください。

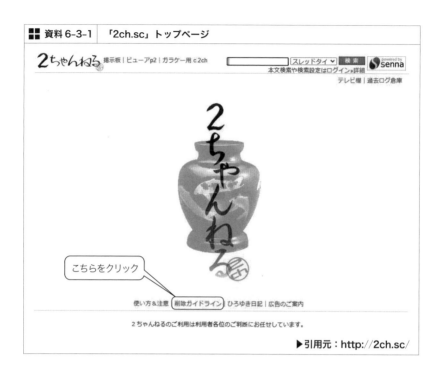

▶引用元：http://2ch.sc/

そうすると，削除ガイドラインが表示されるのですが，「2ch.sc」は「5ch.net」よりも削除の基準が厳しい印象があります。どのような書込みが削除対象になるのかですが，特に，法人・団体からの請求については，原則として放置すると明言しています。

2. 法人・団体・公的機関の取り扱い

原則放置

　　法人・団体については、カテゴリによって扱いが違いますが、原則として放置であるとご理解ください。　社会・出来事カテゴリ内では、批判・誹謗中傷、インターネット内で公開されている情報、インターネット外のデータソースが不明確なもの、は全て放置です。

　　その他のカテゴリ内では、掲示板の趣旨に関係があり、客観的な問題提起がある・公益性のある情報を含む・その法人・企業が外部になんらかの影響を与える事件に関係している・等の場合は放置です。学問カテゴリ内では、この判定を厳しくいたします。

　　公的機関については、他の削除基準と掲示板の趣旨に反しない限り放置します。

削除対象

　　電話番号については、明らかに公的なもの以外は確認手段が確立していないので一律削除対象になります。

　　その他、放置対象ではない場合は削除されることがあります。削除の可否は、依頼があった時点で考慮されることになり、最終的に管理人が判断します。

依頼方法

　　担当部署および担当責任者の連絡方法(メールアドレス可)が必須です。それ以外は、通常の依頼と同様に削除理由と削除対象の特定も必要です。

　　メールや電話よりも、削除依頼をお勧めします。削除要請板ではフォームから入力し、新規スレッドを立ててお願いします。

　　内容証明や電話やメールなどで削除内容に対する説明をいただければ考慮はしますが、そういった場合も、上記のように削除依頼を出していただいた上でお願いします。

▶引用元：http://info.2ch.sc/guide/adv.html#saku_guide

　また，「2ch.sc」に対する削除依頼は，どのような形であっても公開されるという点にも注意が必要です。

削除依頼は原則的に公開とさせていただきます。
郵送や電話やメールなど掲示板以外での削除依頼は一切受けつけておりません。
削除依頼掲示板は2つあります。依頼内容によって使い分けてください。
　削除要請板(重要削除対象専用)　　削除整理板(通常削除)
削除作業がスムーズに行われるよう、それぞれの削除依頼板の注意事項を厳守してください。
ルールを守らなかったり言葉遣いの悪い削除依頼は無視されるかもしれません。

▶引用元：http://info.2ch.sc/guide/adv.html#saku_guide

　つまり，削除依頼の理由に詳細な情報を書いてしまうと，それらもすべて公開されてしまいます。削除を依頼する場合，なぜそれが権利の侵害に当たるのかを説明するためには，書込みの内容がどのように問題な

のかや背景事情などを説明する必要がある場合もあり，そのような事情は他の人には知られたくない内容でしょう。しかし，これらを記載すると，理由も含めて公開されてしまいます。つまり，削除依頼には詳細な理由は書けないという問題があるのです。

　加えて，削除依頼そのものについての削除依頼をすることは，原則としてできないという問題もあります。「2ch.sc」には削除依頼が公開されると明記されているため，書込みをするということは，自分の意思で削除理由を公開しながら依頼したということになります。そのため，自分自身で公開した以上，仮に自分に不都合な情報が掲載されていても自分の責任なので，そこに権利の侵害はないと判断されてしまうのです。

　したがって，削除依頼をする場合は，仮処分を行うことを検討した方がよいでしょう。仮処分であれば，削除依頼の理由を「削除仮処分決定」とすることができ，詳細な説明も不要であり，また，仮処分決定自体にも原則として特に判断の理由が記載されることがないためです。そして，「裁判所より削除の判断が出た書込みは削除対象」だと明言されているため，削除依頼が拒否されるおそれもありません。なお，仮処分決定があれば，法人からの請求であっても，「原則として放置する」ということに対する例外的な扱いとなるため，削除が認められます。

資料6-3-4　「2ch.sc」判決・仮処分の決定などへの対応

9. 裁判所の決定・判決
判決・仮処分の決定など ＊
裁判所より削除の判断が出た書き込みは削除対象になります。

▶引用元：http://info.2ch.sc/guide/adv.html#saku_guide

②　仮処分を検討する

　そこで，仮処分を検討するわけですが，裁判手続である以上，相手方をきちんと定める必要があります。「2ch.sc」のトップページから，「使い

方＆注意」をクリックすると，「２ちゃんねるって？」という表示があり，その中に「２ちゃんねるは誰がやってるの？」という項目があります。そこで，管理者は，「PACKET MONSTER INC. and more」とされています。

■ 資料6-3-5 「2ch.sc」管理者

2ちゃんねるって誰がやってるの？

2ch.sc is managed and operated by PACKET MONSTER INC. and more.

▶引用元：http://info.2ch.sc/guide/faq.html#A2

「and more」の部分が何を指すのかという議論がありますが，一般的には実際上の管理者である西村博之氏を指すと考えられます。そこで，シンガポール法人である「PACKET MONSTER INC.」（正式名称は，「PACKET MONSTER INC. PTE. LTD.」です）か，西村博之氏を相手方にすることになります。ただし，西村博之氏が管理者であると明示されているわけではなく，本当に管理者であることの確証を得るには，労力がかかります。また，仮に決定を取得したとして，「PACKET MONSTER INC.」宛の決定ではないとして，削除依頼が拒否される可能性が高いです。そのため，著者は，「PACKET MONSTER INC.」を相手方にしています。

裁判手続を用いるためには，当事者の資格証明書（日本法人であれば現在事項証明書など）を添付する必要がありますが，外国法人を相手にする際にもこれが必要になります。外国法人の登記を取得する方法としては，オンライン申請が可能なところについてはオンライン申請をする（シンガポール法人の登録についてもオンライン申請が可能です），海外法人の登記の取得代行をする日本の業者に依頼する，現地のエージェントに依頼する，といった方法がありますが，簡単なのは日本の業者に依頼することでしょう（中澤佑一弁護士が運営責任者となっている「海外法人登記取得代行セン

ター」(https://touki.world/web-shop/) などがあります。同サイトでは, 資格証明書のほか, その翻訳, 申立ての際に必要となる上申書, 注意事項などもセットにされており, 使用しやすいものになっています)。

　ところで, この「PACKET MONSTER INC.」は, 取締役その他の役員として登録された者が1名も存在しない状態となっており, 民事訴訟法, 非訟事件手続法上, このままでは裁判手続を行うことができません。そこで, 同法人の特別代理人の選任を裁判所に申し立てるという手続きが, まず必要になります。特別代理人の費用は申立人において負担する必要があり, 5万円ほどになることが多いです。特別代理人は, 裁判所の名簿に登録された弁護士から選任され, 立場上, 一定程度争ってくることが多い印象です。

　削除を認める決定を取得した場合, 削除ガイドラインの中の削除依頼の注意の部分にある「削除要請板 (重要削除対象専用)」をクリックします。そうすると, 裁判所による削除命令を得ている場合の削除依頼フォームが設置されているページに移動することができます。

■■ 資料 6-3-6　「2ch.sc」削除依頼フォーム①

▶引用元：http://macaron.2ch.sc/saku2/index2.html

　そして,「判決/命令」と書いてあるところをチェックすると次の表示がされます。

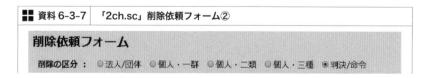

■■ 資料 6-3-7　「2ch.sc」削除依頼フォーム②

地裁・事件番号		
：	過去の依頼がある場合	
	所属/申請者 ：	メール ：
依頼の理由 ： 詳細・その他 ： pdfファイルの リンクを含む		

削除対象以外のURLには必ず括弧などをつけて区別してください。

投稿前に入力内容を良くお確かめください。　削除依頼をする

▶引用元：https://macaron.2ch.sc/saku2/index2.html

　「地裁・事件番号」,「所属/申請者」,「メール」を入力すると, 自動的に次の画面のように「削除対象 URL」を入力する行が表示されます。

■■ 資料 6-3-8　　「2ch.sc」削除依頼フォーム③

削除依頼フォーム

削除の区分 ： ○法人/団体 ○個人・一群 ○個人・二類 ○個人・三種 ●判決/命令

地裁・事件番号		
：	過去の依頼がある場合	
	所属/申請者 ：	メール ：
削除対象URL ： スレッド全体削除は 受け付けませんので レス番号の指定を 必ずお願いします		
依頼の理由 ： 詳細・その他 ： pdfファイルの リンクを含む		

削除対象以外のURLには必ず括弧などをつけて区別してください。

投稿前に入力内容を良くお確かめください。　削除依頼をする

▶引用元：https://macaron.2ch.sc/saku2/index2.html

ここには，次のように記載します。

資料 6-3-9	「2ch.sc」削除依頼フォーム記載例		
地裁・事件番号：	○○地方裁判所令和○○年 (ヨ) 第○号		
削除対象 URL：	所属/ 申請者：	弁護士 甲野太郎	メール：	kohno@kohno-law.co.jp
	http://anago.2ch.sc/test/read.cgi/xxxxxx/1234567890/1+3+4		
	http://kohada.2ch.sc/test/read.cgi/xxxxxx/1234567890/2+3+4		
	http://anago.2ch.sc/test/read.cgi/xxxxxx/12398765430/3+59		
依頼の理由： 詳細・その他：	理由　削除仮処分決定 決定正本アドレス　http://www.kohno-law.co.jp/upload/20200 903.pdf		

　削除の仮処分を取得した URL とレス番号を明記した上で，削除を依頼する理由を「削除仮処分決定」であるとします。そして，削除仮処分決定を国内有料サーバに PDF 形式でアップロードした上で，そのリンク先を記載します。なお，削除仮処分決定で表示されている住所は伏せても構わないとされているので，アップロードする場合は事前に住所部分を黒塗りするなどするとよいでしょう。

資料 6-3-10	「2ch.sc」裁判所による削除命令に基づく削除依頼

○ 裁判所による削除命令を得ている方。
　対象区分を法人／団体とし、法人名／団体名欄に地裁名と事件番号を記入し、国内有料サーバにpd形式にて判決文・決定をアップロードしたうえで、削除理由の中にリンクしてください。(住所は伏せてかまいません)

▶引用元：http://macaron.2ch.sc/saku2/index2.html

　入力したら，「削除依頼をする」ボタンを押します。最終的に，すべての内容が公開されることの警告がされ，それに同意をすると削除依頼が完了します。削除依頼をすると，次のような形で表示されることになります。

東京地方裁判所令和元年(ヨ)第■■■号

1 : ★ : ■■■■■■■■■■■■■■■
　　ここは重要削除を扱う削除要請板です。
　　通常削除については削除整理板へどうぞ。

2 : 弁護士清水陽平 : ■■■■■■■■■■■■■■ HOST ■■■■■■
　　対象区分 : **判決/命令**
　　削除対象アドレス :

　　　　http://ai.2ch.sc/test/read.cgi/■■■■■■■■■■
　　　　http://nozomi.2ch.sc/test/read.cgi/■■■■■■■■
　　　　http://maguro.2ch.sc/test/read.cgi/■■■■■■■■

　　削除理由・詳細・その他 :

　　依頼理由 : 削除仮処分決定

　　決定正本URL
　　http://www.■■■■■/upload.■■■■■.pdf

▶引用元 : https://2ch.sc/

　　なお，削除ガイドラインなどに明記されているわけではありません
が，削除対象 URL は 1 回のフォーム入力について10URL くらいが望ま
しいとされています。そのため，数が多い場合には複数回に分けて投稿
することが求められます。

　　その場合，「過去の依頼がある場合」と記載のあるフォームに，自分が
立てた削除依頼スレッドの URL を入力してください。そうすることに
より，最初に削除依頼をしたスレッドに続く形で削除依頼が行われるこ
とになります。なお，この場合，いくつに分割しているのか分かるよう
にしておくとよいです。たとえば，3 分割であれば，決定正本 URL の後
に「＊1/3」などと表記することが考えられます。

　　内容と書式に問題がなければ，早ければ 2 ～ 3 日程度で削除されるこ
とが多いです。

③　開示請求の際の注意事項

　「2ちゃんねる」に誹謗中傷が表示されている場合，その投稿者を特定するため開示請求をすることが考えられます。ただし，「2ちゃんねる」に書き込まれている内容は，「5ちゃんねる」からコピーされている内容であるかもしれない点に注意が必要です。

　特定をするためには，アクセスログを辿っていく必要がありますが，コピーされているのはあくまでも表面的に表示されている書込み内容だけであり，アクセスログ（IPアドレス等）がコピーされているわけではありません。つまり，「5ちゃんねる」からコピーされた書込みについては，「2ちゃんねる」がアクセスログを保有していないため，開示請求をしても無意味ということになります。

　では，どうやってどちらに書き込まれたものかを見分けるかですが，これは簡単です。書込みには「ID」が表示されていますが，このIDの末尾に「.net」という表示があれば，「5ちゃんねる」に書き込まれていたものであることを示しています。したがって，「2ちゃんねる」に対する開示請求は，この表示がないものを対象にすればよいということになります。

4 ５ちゃんねる／２ちゃんねるのコピーサイト
（ミラーサイト）

（1） コピーサイトとは

　もともとの「２ちゃんねる」(2ch.net) は日本最大の電子掲示板である
といわれていたので，アクセス数も多く，書込みも非常に多くありまし
た。このような多数のアクセスを集められるサイトはそれだけ集客力が
あるということなので，これを利用して広告収入を得ようとしていたの
が多数のコピーサイトです。「５ちゃんねる」と「２ちゃんねる」が併存
したことにより，コピーサイトも「５ちゃんねる」をコピーしているも
のと，「２ちゃんねる」をコピーしているものが存在しています。

　もとの「２ちゃんねる」は，コピー自由とされていたので，多数のコ
ピーサイトが存在していたわけですが，「５ちゃんねる」は「コンテンツ
の無断複写，転載を禁じます」と明示し，現在は表示されていませんが，
一時期は無断転載サイトへの制裁にまで言及していました。そうした経
緯もあり，コピーサイトは，激減しています。

　とはいえ，全くなくなったわけではなく，いくつかのサイトは存在し
ています。

　そうしたサイトでは「５ちゃんねる」や「２ちゃんねる」本体の削除
ができても，その削除をコピーサイトが自動的に反映してくれるわけで
は必ずしもありません。そのため，本体の削除ができた場合は，コピー
が残っていないかも一応探してみるとよいでしょう。ここで紹介してい
るコピーサイトについては，「2ch.sc」のように削除依頼の内容が公開さ
れることはありません。

　なお，コピーサイトに対する開示請求はできません。コピーサイトは
あくまで元サイトに表示されている書込みのデータを取得しているに過
ぎないためです。そのため，コピーサイトに対する請求は，削除依頼だ
けとなります。

（2） みみずん検索

　「みみずん検索」は，URL が「http://mimizun.com/」から始まるコピーサイトです。「みみずん検索」には，削除依頼のためのメールアドレスが公開されており，「mimizun@mimizun.com」にメールを送ることで削除依頼ができます。

■■ 資料 6-4-1	「みみずん検索」削除に関して

削除に関して

1. http://mimizun.com/ ではじまるもののみ対象となります。
2. 2ちゃんねるやまちBBSにて削除されたものに限ります。
3. 2ちゃんねるやまちBBSの書き込みはみみずん管理者では対応できません。
4. **違法性のあるもののみ**削除します。スレ違いやあらし行為には対応しません。
5. スレッド全体の削除は行っていません。必ずレス番号を指定してください。
6. メールに所定の件名でご連絡ください。
7. メールがご利用になれない場合、FAXにて受け付けます。
8. GmailやYahoo!、hotmail等のいわゆるフリーメールでのご連絡は受信できません。機械的に破棄しておりますのでご注意ください。（拒否ドメイン一覧）
9. ご利用されているプロバイダ、または所属する企業・団体のメールアドレス、携帯電話のメールアドレスなどでご連絡ください。
10. ご依頼に問題がない場合、返信しておりません。返信の催促にも応じません。
11. 削除依頼は当事者またはその親族、もしくは法定代理人、または代理人たる弁護士が行わねばなりません。それ以外の代理人からの依頼は一切受け付けません。代理人がネット監視・対策を業とする者であっても弁護士でなければ非弁活動である為、対応しません。
12. 銀行口座売買・銃火器取引・薬物取引等の違法情報については全ての方からの依頼を受け付けますが判断できかねるものもありますので、インターネットホットラインセンターをご活用ください。
13. お電話での対応は一切行っておりません。
14. 行政機関が発するメールにおいては詐称防止のためデジタル署名を付与してください。

削除依頼メールに必要な事項

メール件名	【削除】みみずんさーば削除依頼
お名前	※ 戸籍上の本名のみ受け付けます。匿名不可。
削除希望URL	※ http://mimizun.com/ ではじまるもの
削除依頼レス番号	※ **レス番号の指定必須（※レス番号とは）** **スレッド全体の削除依頼は受け付けません。** 尚、レス番号1を削除するとスレッドタイトル及びレス番号1の内容が削除されます。
削除依頼理由	※ 法的根拠のある削除依頼のみ受け付けます 削除を希望する書込内容と依頼者の関係もご明記ください
添付ファイル	※ 下記の場合必須 • 根拠として2ちゃんねるなどの裁判の判決・決定である場合、その書面をスキャンしたものをPDFまたはFAXで送付してください。URLによるご連絡は不可。添付ファイルとしてメールにてご送付いただきます。
宛先 メールアドレス	mimizun@mimizun.com

▶引用元：https://mimizun.com/delete.html

①　削除依頼メールを作成して送信する

　「みみずん検索」は，メールで削除依頼を行うことができますが，いわ
ゆるフリーメール（Gmail，Yahoo！メール，hotmail など）は，機械的に受
信拒否をする設定になっているとのことなので，これらを使った削除依
頼には対応してくれません。そのため，プロバイダから付与されている
メールアドレス，会社や事務所のメールアドレス，携帯電話のメールア
ドレスなどを利用します。

　また，「みみずん検索」の削除依頼では，記載すべき内容が決まってい
ます。件名を「【削除】みみずんさーば削除依頼」とし，戸籍上の本名（匿
名や仮名は不可）を名乗ることが必要です。その上で，「削除希望 URL」，
「削除依頼レス番号」を指定してください。レス番号の指定がないもの
は受け付けてもらうことができません。また，「みみずん検索」ではス
レッド全体の削除はできません（コピー元のスレッドが削除されている場合，
タイトルとすべてのレスが削除されますが，スレッドの削除はされません）。

　そして，「削除依頼理由」を明記します。「みみずん検索」では，「法的
根拠のある削除依頼のみ受け付けます」とされているので，自分がどの
ような立場で，その書込みがなぜ自分の権利を侵害するものなのか，と
いうことを説明してください。

　また，削除依頼の理由が，「2 ちゃんねる」などの元のスレッドに対す
る裁判の判決・決定である場合には，その書面を PDF ファイルにして添
付することが必要です。

これらの記載例は，次の通りです。

資料 6-4-2　「みみずん検索」削除依頼メール記載例

```
【削除】みみずんさーば削除依頼 ...

ファイル　メッセージ　挿入　オプション　書式設定　校閲　ヘルプ　ATOK拡張ツール　操作アシ

差出人(M)▼　[     ]

宛先...　mimizun@mimizun.com;

CC(C)...　[                    ]

件名(U)　【削除】みみずんさーば削除依頼
```

管理人　様

お世話になっております。

私は、インターネット・チェッカーズ株式会社の代表取締役です。

突然恐縮ですが、以下について削除いただきたくご連絡いたしました。

削除希望 URL：

http://mimizun.com/log/2ch/xxxx/123456789/

削除依頼レス番号：230,235,255,300,301

削除依頼理由：

当社は、インターネット上の誹謗中傷を監視することや、

いわゆる逆 SEO をサービスとして提供している会社です。

指定したレス番号の投稿は、

当社が、訪問先候補の誹謗中傷をネット掲示板に書き込んでから

企業を訪問して、その対策を提案するという

自作自演の営業活動をしていると繰り返し書かれています。

他社様の誹謗中傷を当社がしつつ、当社が利益を上げているという指摘であり、

このような自作自演の営業活動が社会的に許されるものでないことは当然です。

当社では、インターネット上の誹謗中傷監視を通じて、企業活動に貢献する

という企業方針の下、1社でも多くの企業に当社サービスを利用いただきたく、

営業活動を展開しておりますが、自作自演の営業活動は全くしていません。

このような営業活動をする営業員も出てきてしまうかもしれないと考え、

全社員必須の営業研修を年 1 回必ず行っており、

その中でこのような自作自演の営業活動をした場合の

会社としての法的リスクや、社員個人の責任がどうなるか、

という点をきちんと指導しております。

決して訪問先企業を貶めるような営業活動などしていないため、

これらの書込みは全くの事実無根です。

そのため、上記対象レス番号について削除いただけますようお願いいたします。

インターネット・チェッカーズ株式会社
代表取締役　藤永禎治
fujimoto@interchec-xxx.co.jp
TEL 03-xxxx-xxxx
FAX 03-xxxx-xxxx

② 削除されたかどうかを確認する

　削除依頼に理由があれば，遅くても数日程度で対応してくれるので，しばらくしても削除がされない場合には，削除依頼の理由が不十分な可能性があります。見直した上で再度依頼するべきでしょう。

　なお，「みみずん検索」では削除が行われても，ブラウザ上に書込みが表示されてしまうことがあります。これは，パソコンに過去の情報（キャッシュ）が残ってしまっているためです。そのため，単にURLにアクセスするだけでは以前の情報が表示されてしまうことがあるので，削除されているかどうかを確認するには，URLにアクセスした上で，WindowsPCであればF5キーか，Ctrl＋Rというキー操作でブラウザを更新し，削除されたかどうかを確認するとよいでしょう。

（3）　暇つぶし2ch

　「暇つぶし2ch」は，URLが「https://yomi.tokyo/2」または「http://yomi.mobi/2」から始まるコピーサイトです。「暇つぶし2ch」には，フォームから削除依頼ができます。

① 削除依頼フォームを開く

　各スレッドの下には，次のようなメニューが表示されていると思いま

す。

■■ 資料6-4-3 ｜ 「暇つぶし2ch」メニュー

レスを読む

最新レス表示

レスジャンプ

類似スレ一覧

スレッドの検索

話題のニュース

おまかせリスト

オプション　　こちらをクリック

しおりを挟む

スレッドに書込

スレッドの一覧

暇つぶし2ch

▶引用元：https://yomi.tokyo/2

このメニューの中から，「オプション」をクリックすると次の表示がされます。

■■ 資料6-4-4 ｜ 「暇つぶし2ch」オプションモード

オプションモード

スレを表示

スレを表示
類似スレッド一覧の表示
レスジャンプ
PC用キャッシュ表示
リンク一覧の表示
コピペモード
スレッド再取得/レス削除 ← こちらをクリック
GHARD板スレッド一覧

▶引用元：https://yomi.tokyo/2

　この中には「スレッド再取得/レス削除」というメニューがあるので，これをクリックします。クリックすると，次のスレッドメンテナンスというメニューが表示されます（なお，「yomi.tokyo」からアクセスしていても，「yomi.mobi」のドメインに移ります）。

■■ 資料 6-4-5　「暇つぶし 2ch」スレッドメンテナンス

■スレッドメンテナンス

[トップページ]

スレッドの再取得、及び書き込み(レス)の削除が行えます。
・2ch側の削除処理(あぼーん)等により、スレッドの整合性に問題が出た場合は、「再取得」を実行してみて下さい。
・個人情報や中傷など、問題のある書き込みがある書き込みを見つけた場合は、「レス削除」、「スレッド削除」をお願いします。
・再取得処理により情報がおかしくなったときには、「復帰」を実行してみて下さい。

注意：この機能は「書き込みの迅速な反映」の為にあるのではありません、そのような用途には使わないで下さい、一定期間「dat落ち」の状況になりがちです！。
また、「取得失敗しました」表示時に、スレッド更新用途でこの機能を使わないで下さい、スレッドの整合性が損なわれる原因になります。

□対象スレッドの情報
名称：■■■■■■■ ■ ■■■■■■■
Host：■■■■
板名：■■■
ＩＤ：■■■■■
─────────────────────────
□処理
▼処理を選択 ✔

実行

▶引用元：http://yomi.mobi/threset/

②　削除依頼フォームに入力する

　この「処理」の中には「再取得」，「レス削除」，「スレッド削除」，「復帰」というメニューが用意されています。「再取得」とは，元スレッドで削除などがされている場合に，その状態を反映させるため，再度情報を取得しに行くようにする処理です。「レス削除」，「スレッド削除」は，文字通り，レスやスレッドの削除をする処理であり，元スレッドの削除がされていなくても，「暇つぶし2ch」の中だけで削除をすることができます。「復帰」は，あまり使うことはないと思われますが，再取得処理によって何らかの不具合が生じた場合に使うものとされています。

　元スレッドにおいて削除がすでにされている場合は，処理として「再取得」を選択して実行ボタンを押せば，削除が反映されることになります（なお，元スレッドが何かというのは，「□対象スレッドの情報」のところに表示されています）。

　元スレッドでの削除がされていない場合は，「レス削除」，「スレッド

削除」を選択することになります。個別の投稿のみ削除したい場合は「レス削除」を選択して，実行ボタンを押してください。そうすると，次の表示がされます。

削除するレス番号を入力して下さい。
・一度に10レスまで処理できます。
・入力は、「半角数字」でお願いします。

□対象スレッドの情報
名称：
Host
板名：
ＩＤ：

□対象レス番号

□理由
　削除したい理由を書き込んで下さい。
　5文字以上必要です。

実行

▶引用元：http://yomi.mobi/threset/

　一度に10レスまで削除することができるため，削除したいレス番号を半角数字で入力した上で，理由を 5 文字以上で記載してください。理由は，5文字以上とされていることから想像できるとおり，詳細な理由等が求められているわけではなく，たとえば「誹謗中傷だから」といった簡易なもので問題ありません。もっぱらロボットによるクリックを避けるための技術的な側面で設置されているものと考えられます。

　入力して実行ボタンを押すと，即座に「処理が終わりました」という

表示がされるので，削除がされているかを確認するとよいでしょう。削除がされていないということはないと思われますが，仮に表示されている場合は，ブラウザに残っているキャッシュを見ている状態である可能性があるため，ブラウザの更新などをしてみるとよいでしょう。

　また，スレッド全体の削除をしたい場合は，「スレッド削除」を選択して実行ボタンを押してください。実行ボタンを押すと以下の表示がされます。

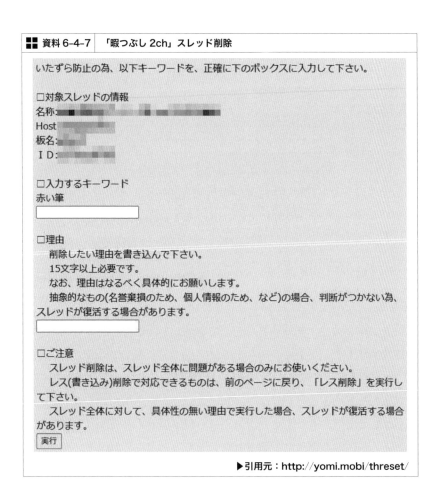

■■ 資料 6-4-7 　「暇つぶし 2ch」スレッド削除

いたずら防止の為、以下キーワードを、正確に下のボックスに入力して下さい。

□対象スレッドの情報
名称：
Host
板名：
ＩＤ：

□入力するキーワード
赤い筆

□理由
　削除したい理由を書き込んで下さい。
　15文字以上必要です。
　なお、理由はなるべく具体的にお願いします。
　抽象的なもの(名誉棄損のため、個人情報のため、など)の場合、判断がつかない為、スレッドが復活する場合があります。

□ご注意
　スレッド削除は、スレッド全体に問題がある場合のみにお使いください。
　レス(書き込み)削除で対応できるものは、前のページに戻り、「レス削除」を実行して下さい。
　スレッド全体に対して、具体性の無い理由で実行した場合、スレッドが復活する場合があります。
実行

▶引用元：http://yomi.mobi/threset/

スレッド削除については，いたずら防止のため，表示されているキーワードをボックスの中に入力した上で，15文字以上の削除したい理由を説明する必要があります。キーワードについては，表示されているもの（上記であれば「赤い筆」）をボックス内に入力してください。

　理由については，たとえば「私の専用スレッドが立てられ，長期間にわたりネットストーカーを受けているため」などと入力することなどが考えられます。「抽象的なもの（名誉棄損のため，個人情報のため，など）の場合，判断がつかない為，スレッドが復活する場合があります」とされ，具体的記入を求められている反面，15文字以上であればよいとされているため，この程度の理由で十分であると思われます。

　入力して実行ボタンを押せば，即座に「処理が終わりました」と表示されるので，削除がされているかを確認するとよいでしょう。削除されていないように見える場合は，ブラウザの更新をまずは試してみてください。

（4）　DoGetThat

　「DoGetThat」は，「土下座」という名称の「ガラケー/スマホ特化型2chブラウザ」を自称しており，URL が「http://2ch.dogeza.me/」から始まるコピーサイトです。

①　問い合わせフォームを表示する

　「DoGetThat」では，問い合わせフォームが用意されており，ここから削除依頼をすることが可能です。

　問い合わせフォームを表示するための方法は 2 つあります。まず，トップページに戻って「問い合わせフォーム」のリンクをクリックするのが 1 つ目の方法です。

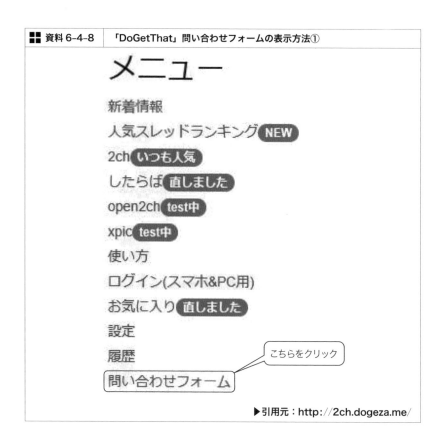

▶引用元：http://2ch.dogeza.me/

　2つめは，各スレッドの下の方に表示されている操作コマンドの中の右端にある「？」マークをクリックし，その後表示される「問い合わせフォーム」のリンクをクリックする方法です。

　いずれかをクリックすると，次のような問い合わせフォームが表示がされます。

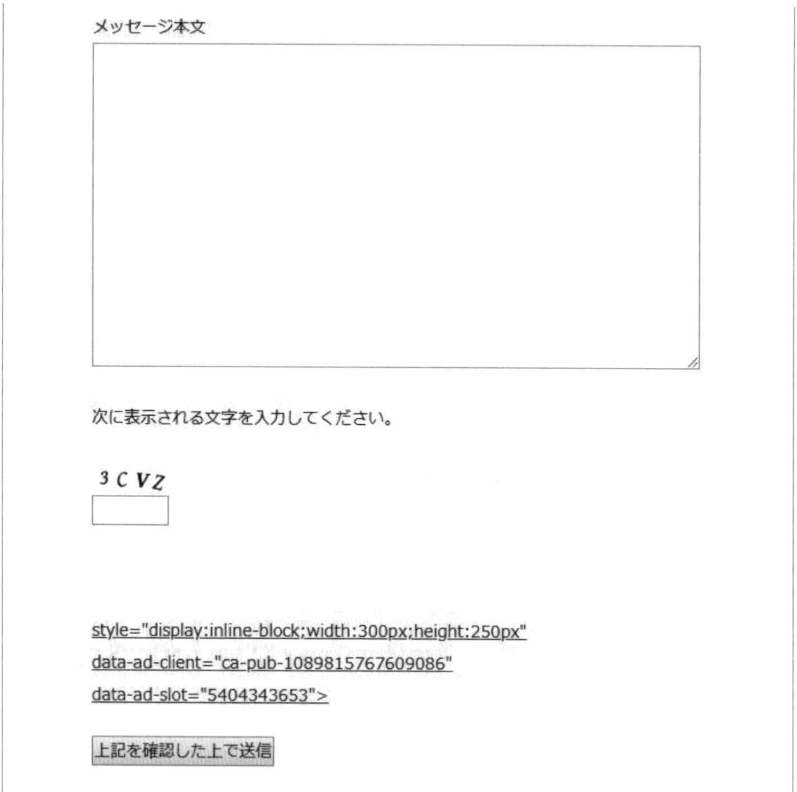

メッセージ本文

（テキスト入力欄）

次に表示される文字を入力してください。

3 C V Z

（入力欄）

style="display:inline-block;width:300px;height:250px"

data-ad-client="ca-pub-1089815767609086"

data-ad-slot="5404343653">

上記を確認した上で送信

▶引用元：http://contact.dogeza.me/

② 削除依頼をする

「お名前」については，削除依頼をする方の本名を記載するべきでしょう。法人からの依頼の場合には，法人名を記載すればよいです。「お問い合わせ内容」については，プルダウンから「ご質問」「ご要望」「スレッドの非表示要請」「その他」から選択することができるようになっているため，「スレッドの非表示要請」を選択してください。「メールアドレス」については，連絡がつくものを記載すればよいでしょう。ただし，経験上，サイト側から連絡が来たことはありません。

「URL」については，問題と考えているスレッドのURLを記載し，「メッ

セージ本文」については，削除依頼の対象と自分がどのような関係にあり（＝同定可能性があるか），なぜ権利侵害といえ，削除されるべきかということを書くようにするとよいでしょう。

　その上で，画像認証が要求されているので，表示されている文字を入力した上で，「上記を確認した上で送信」ボタンを押してください。「DoGetThat」は対応が早いとはいえませんが，1週間程度を目安に削除されているかどうか確認して，削除されていなければ再度根気よく削除依頼を出していくことで，削除されます。

5 | Ｔｗｉｔｔｅｒ

　「Twitter」は，アメリカのカリフォルニア州に本社を置く法人 Twitter, Inc. が開始した140文字での発信ができる SNS です。「Twitter」は，2022年 9 月，会社法に基づく外国会社の登記を行いました。そのため，同社に対して法的な対応を求めることができます。なお，日本法人（Twitter Japan 株式会社）も存在していますが，日本法人は日本でのプロモーション活動を行う目的で設置されているため，法的な対応ができません。

　「Twitter」に関しては，対応はそれほどよくないという話をしばしば耳にします。たしかに，日本人の感覚とは異なる感性から対応がされており，報告できる項目が準備されているものに限定されているなど，実際になかなか対応してもらえない例も多いように感じます。

① サポートページにアクセスする

　まず，「Twitter」内の次のページ（https://help.twitter.com/ja/forms）にアクセスしましょう。この URL を直接入力するか，以下の手順で辿り着いてください。

　「Twitter ヘルプセンター」を検索サイトで検索すると，「ヘルプセンター−Twitter Help Center」という検索結果が表示されるはずなので，これをクリックします。そして，表示されたページの一番下までスクロールすると以下のような表示があるので，「お問い合わせ」をクリックしてください。

▶引用元：https://help.twitter.com/ja

そうすると，次の画面が表示されます。

■■ 資料 6-5-2 　「Twitter」お問い合わせの内容

他のアカウントからの嫌がらせや脅迫、Twitterルールに違反している可能性のあるツイートに関する情報はこちらからご報告ください。

フォームの悪用が疑われる事例やスパムに関する情報はこちらからご報告ください。

品に関する情報はこちらからご報告ください。

ヘルプ - Twitterを利用する

通知、タイムライン、DM、トピック、または他の機能について、サポートを提供しています。

有料機能についてのヘルプ

Twitter Blue、チケット制スペース、スーパーフォローやTipsなど、有料機能についてサポートをリクエストできます。

▶引用元：https://help.twitter.com/ja/forms

　サポートを受けたい内容によって選択する項目が異なっており，削除に関する項目と，各項目が対象としているのは以下のとおりです。

【Twitter およびセンシティブなコンテンツを安全に使用する】

- ・個人情報が投稿されている
- ・嫌がらせを受けている
- ・特定のカテゴリー（人種，民族，出身地，性的指向，性別，性同一性，信仰している宗教，年齢，障碍，疾患）の人を誹謗中傷または差別している
- ・暴力や身体的危害を加えると脅している
- ・自傷行為や自殺の意思をほのめかしている

【Twitter 上での信頼性】

- ・なりすまし（個人，会社，ブランド，組織）

【知的財産権に関する問題】

- ・商標権侵害
- ・著作権侵害
- ・DMCA（デジタルミレニアム著作権法）に関する通知への異議申立て

報告をしていくためには，自分の状況に合ったものを選択していくことが必要になります。以下では，誹謗中傷を受けたことを理由として報告をする場合についての報告例を説明します。

② **報告フォームを表示する**

　まず，「Twitter およびセンシティブなコンテンツを安全に使用する」をクリックしてください。そうすると，「どのような問題がありますか？（必須）」という質問が表示され，プルダウンで上記の各項目が選択できるようになっています。そこで，この中には「あるアカウントが私または他の誰かに嫌がらせをしています」という項目があるため，これを選択します（特定のカテゴリーでの誹謗中傷を受けているといえるのであれば，そちらを選択してもよいでしょう）。

　選択すると，「報告する内容の対象（必須）」という質問が表示され，報告者が誰かをプルダウンから選択することを求められます。ここでは，「自分のアカウント」，「自分が正式な代理人となっている人」，「その他の利用者」から選択ができますが，基本的には「自分のアカウント」を選択することになると思いますが，いずれかを選択すると，次のような報告フォームが表示されます。

▪▪ 資料 6-5-3　「Twitter」嫌がらせの報告

Twitterおよびセンシティブなコンテンツを安全に使用する

どのような問題がありますか？（必須）

| あるアカウントが私または他の誰かに嫌がらせをしています ⌄ |

報告する内容の対象（必須）

| 自分のアカウント ⌄ |

このような経験をされたことを残念に思っています。

Twitterでは、他者の発言を抑圧するための攻撃的な行為、嫌がらせ、脅しを禁止しています。プライバシーの詳細については、Twitterヘルプセンターをご覧ください。

下記のフォームに入力してください。Twitterチームがなるべく早急に対応いたします。

Twitterユーザー名 ⓘ

@ ▓▓▓▓▓▓▓▓

メールアドレス (必須)
Twitterから連絡するメールアドレスです。

▓▓▓▓▓▓▓▓▓

報告対象のアカウントのユーザー名 (必須) ⓘ

@

Twitterルールへの違反の可能性があるコンテンツをお知らせください
Example 1

https://

(**+ 別のリンクを追加**)

報告対象のツイート、アカウント、リスト、モーメントを調査する必要があります。Twitterヘルプセンターには、ツイートのリンクの検索方法についての手順が記載されています。

現在起きている問題について、詳しくお知らせください。 ⓘ

☐ 報告されている内容を、自分に今後送信されるものに含めてもかまいません。

送信

▶引用元：https://help.twitter.com/ja/forms/safety-and-sensitive-content/abuse/me

③ フォームに入力する

　まず，報告者自身の情報を入力する必要があり，自分の使っているアカウントの Twitter ユーザー名と，Twitter から連絡が届くメールアドレスを入力する必要があります。ユーザー名については「@」を含めたものを入力してください。

　次に，報告対象について入力していきます。報告対象のアカウントのユーザー名を「@」を含めて入力し，その上で問題があると考えるツイートの URL を入力します。URL は，パソコンで閲覧している場合には，そのユーザーの問題と考えるツイートをクリックすることで表示することができます。スマートフォンのアプリからであれば，ツイートを表示させた上で，共有アイコンをタップすると，「リンクをコピー」という選択肢が出てくるので，こちらをタップすることで URL を取得できます。

　報告対象ツイートが複数ある場合には，「別のリンクを追加」ボタンをクリックすると，さらに入力することができます。追加は最大 4 件（合計 5 件）まで可能です。

　問題と考えるツイートの URL を入力したら，次は問題の詳細を入力します。「現在起きている問題について，詳しくお知らせください。」という注意書きがあるとおり，ここには問題と考えるツイートがなぜ自分に対する嫌がらせなのかを説明するとともに，単に不快だということだけではなく，権利侵害といえる程度に至っていることを説明します。

　基本的な書き方は，**4 (2)「みみずん検索」**の場合と同様ですが，ツイートの場合は 1 つひとつの書込みが短く，他のユーザーとのやり取りが複雑に絡まっていることもあり，第三者から把握しにくいことも少なくありません。そのため，事情を知らない第三者が理解できるように説明することを特に心がけましょう。ただし，入力できる文字数は140文字だけなので，端的な説明が必要です。

　入力したら，「報告されている内容を，自分に今後送信されるものに含めてもかまいません。」というチェックボックスがあるので，これに

チェックを入れて「送信」ボタンを押します。

④ 身分証明書などをアップロードする

　報告が完了すると，入力したメールアドレスに「Twitter」から自動返信メールが届きます。自動返信メールでは，報告をしたのが本当に本人かどうかの確認として，「Twitter」が用意したアップロードサイトに，「政府発行の有効な顔写真付き身分証明書（例：運転免許証，パスポート）のコピー」をアップロードするように求められることがあります。本人からの報告であることが確認できないと対応を開始してくれない場合があるので，事前に身分証明書を準備しておいて，アップロードするようにしておきましょう。なお，アップロードすることができるファイル形式は，JPEGやPNG，PDFです。

　対応してくれる場合は，連絡が来ることがありますが，既にその時点で対応が完了していることも少なくありません。また，追加の証拠を求められることもあるため，証拠があるようであれば，あらかじめ証拠を準備しておきましょう。

　他の違反報告についても同じように，該当するものをクリックし，必要事項を入力していくことで，削除依頼ができます。

6 | Facebook

「Facebook」はアメリカのカリフォルニア州に本社を置く法人であり，運営会社は「Meta Platforms, Inc.」です。「Facebook」は，2022年8月，会社法に基づく外国会社の登記を行いました（ただし，外国会社の所在地としては，デラウェア州の住所になっています）。日本法人（Facebook Japan 株式会社）も置いているのですが，同社は「Twitter」と同様に日本でのプロモーション活動を行う目的で設置されているため，法的な対応については，外国会社である「Meta Platforms, Inc.」に対して行うことになります。ただし，削除に関してはネット上で一定の依頼ができます。

なお，「Facebook」は，しばしば「実名制」の SNS だといわれます。実際に，実名で登録している人の方が多いようですが，匿名での登録や他人になりすました登録ができないわけではありません。他のサイトに比べると，誹謗中傷は少ない印象はあるものの，被害は存在しています。

① アカウントを持っている人が報告する

アカウントを持っている場合，各投稿の右上に，「…」という表示があるので，こちらをクリックしましょう。

■■ 資料 6-6-1	「Facebook」投稿を報告

投稿を保存
保存済みのアイテムに追加します。

この投稿に関するお知らせをオンにする

</> 埋め込み

投稿を非表示
このような投稿の表示が少なくなります。

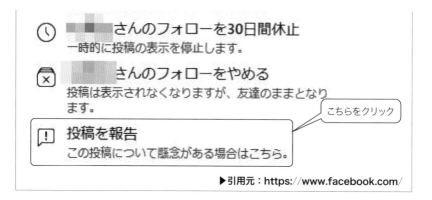

▶引用元：https://www.facebook.com/

　そうすると，「投稿を報告」という項目が表示されるので，こちらをクリックします。さらに，報告理由の選択肢が表示されるので，自分の状況に合うものを選びましょう。

資料 6-6-2　「Facebook」報告

　それぞれ該当すると考えるものを選択すると，さらに選択画面が表示されるので，選択肢を選んでいくとよいでしょう。ここに表示されていない場合は，「それ以外」を選択すると「知的財産権」，「詐欺行為」，「プライバシーの侵害」，「被害者を嘲笑」，「いじめ」，「児童虐待」，「動物虐待」，「性的行為」，「自殺または自傷行為」などといったその他の報告項目が表示されるため，自分の状況に合うものがあるかを確認してください。

　以下では，「嫌がらせ」の場合を例に説明します。まず，「嫌がらせ」を選択すると，嫌がらせを受けているのが誰かが質問されます。

■■ 資料 6-6-3　「Facebook」嫌がらせの報告①

▶引用元：https://www.facebook.com/

自分が嫌がらせを受けているということであれば，「自分」を選択してください。

　そうすると，次の表示がされるので，送信ボタンを押してください。

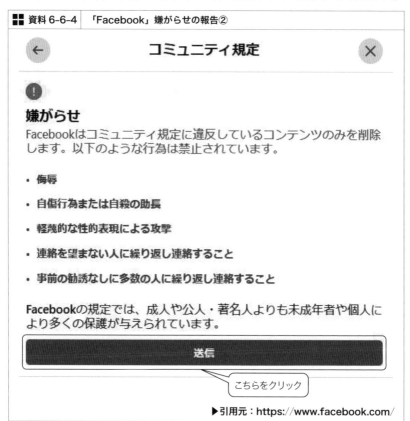

資料 6-6-4　「Facebook」嫌がらせの報告②

コミュニティ規定

!

嫌がらせ

Facebookはコミュニティ規定に違反しているコンテンツのみを削除します。以下のような行為は禁止されています。

- 侮辱

- 自傷行為または自殺の助長

- 軽蔑的な性的表現による攻撃

- 連絡を望まない人に繰り返し連絡すること

- 事前の勧誘なしに多数の人に繰り返し連絡すること

Facebookの規定では、成人や公人・著名人よりも未成年者や個人により多くの保護が与えられています。

送信

こちらをクリック

▶引用元：https://www.facebook.com/

　そうすると，次のような画面が表示され，審査が開始されます。どのような点が問題かといった記載をすることが基本的にできないため，審査自体は「Facebook」に委ねられることになります。

　そして，「次へ」をクリックすると，「その他のオプション」が表示され，「ブロック」，「フォローをやめる」，「友達から削除」という選択肢が表示されます。これらは，自分にとって不快なコンテンツを見なければ

よい，という考えに基づくものですが，それで問題なければ，これらを選択すればよいでしょう。

資料 6-6-5　「Facebook」嫌がらせの報告③

✓

ありがとうございます。レポートを受け取りました

✓ 嫌がらせ　　✓ 自分

● **報告受信済み**
Facebookでは、皆様からのご報告をプロセスの改善およびコミュニティの安全確保に活用しています。

◉ **審査待ち**
テクノロジーや審査チームによって、Facebookコミュニティ規定に違反するコンテンツをできるだけ速やかに削除するように努めています。

● **決定事項**
審査が完了次第、審査結果が通知されサポート受信箱で確認できます。

次へ

こちらをクリック

▶引用元：https://www.facebook.com/

なお，間違って報告をしたという場合であれば，この時点であれば報告を取り消すことができるため，「取り消す」ボタンを押せばよいでしょう。

② ヘルプセンターから詳しい報告をする

誹謗中傷に関しては，中傷をしている者への直接の請求や裁判以外ではなかなか対応方法がありませんが，プライバシー侵害については詳しい報告をすることが可能です。

まず，「Facebook」内の次のページ（https://www.facebook.com/help/）

にアクセスします。URLを直接入力してもアクセスできますが，「Face-book」の自分のプロフィールをクリックすると表示される以下のような画面の「その他」の中に「ヘルプとサポート」という選択肢があるので，それを選択することでアクセスできます。

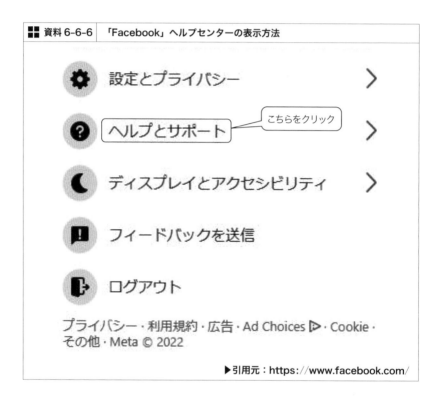

■■ 資料6-6-6 │ 「Facebook」ヘルプセンターの表示方法

▶引用元：https://www.facebook.com/

次に，メニューの中に「ポリシーと報告」があるので，さらにそれをクリックすると，詳細な報告に関するメニューが表示されます。

■■ 資料6-6-7 │ 「Facebook」ヘルプセンター①

▶引用元：https://www.facebook.com/help/

そうすると，次のように「不正利用の報告」や「プライバシーの侵害を報告」といった選択肢が表示されます。

▋▋ 資料6-6-8 「Facebook」ヘルプセンター②

▶引用元：https://www.facebook.com/help/

この中から「プライバシーの侵害を報告」を選択すると，次の表示がされます。

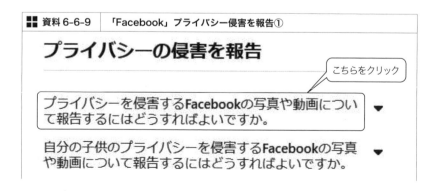

資料6-6-9 「Facebook」プライバシー侵害を報告①

病気、入院中、またはその他の理由で行動できない人のプライバシーを侵害するFacebook上の写真や動画を報告するにはどうすればよいですか。

▶引用元：https://www.facebook.com/help/1561472897490627/

このうち，報告したい状況に合うものを選択すればよいですが，以下では自身のプライバシーの侵害を報告するものを前提に説明します。一番上のものをクリックすると，隠れていた以下の表示がされます。

■■ 資料 6-6-10	「Facebook」プライバシー侵害を報告②

プライバシーを侵害するFacebookの写真や動画について報告するにはどうすればよいですか。　▲

好ましくないコンテンツにタグ付けされている場合、タグを削除できます。写真や動画がコミュニティ規定に従っていない場合は、Facebookに報告する方法の詳細をご覧ください。

こちらをクリック

自分のプライバシーを侵害していると思われるFacebookの写真や動画の削除を希望する場合は、このフォームにご記入ください。報告内容を確認し、コミュニティ規定に基づいてしかるべき対応を行います。

▶引用元：https://www.facebook.com/help/1561472897490627/

そこで、「このフォームにご記入ください」という部分がリンクになっているので，これをクリックします。そうすると、「プライバシーの侵害を報告」というページが表示されます。

プライバシーの侵害を報告

このお問い合わせ方法は、Facebookでの写真に関するプライバシー権利の侵害を報告するためのものです。そのほかについて報告する場合は、ヘルプセンターにお戻りください。

www.facebook.com/help

公開したくないコンテンツをシェアすると脅され、助けを必要としている場合は、このフォームに示されている手順に従ってください。

www.facebook.com/help/561743407175049

また、Facebookではすべての報告を確認しておりますが、あなたの報告に対処した場合でもお知らせすることはありません。

報告したいものは何ですか？　　こちらを選択
○ 写真
○ 動画
○ その他

送信

▶引用元：https://www.facebook.com/help/contact/144059062408922

　まず，報告したい対象が「写真」なのか，「動画」なのか，「その他」なのかを選択することが必要になります。「その他」については，嫌がらせ報告などの方法が案内されるだけなので，これによって報告できるのは「写真」と「動画」のみとなります。

　「写真」を選択すると，報告したい写真が「プロフィール写真」なのか「その他の写真」なのかを選択することができます。次に，住んでいる場所が米国内なのか米国外なのかを選択できるので，「米国外」を選択します。そうすると，報告したいコンテンツのURLが分かるかを質問されるため，「URLがあります」を選択しましょう（他の選択肢を選んでいっても概ね同じような動きになるため，画面の動きに合わせて入力してください）。

　URLは，アプリ上では分かりませんが，パソコンからアクセスして右クリックをすると，「リンクのアドレスをコピー」というメニューから

取得することができます。

■■ 資料 6-6-12 | 「Facebook」プライバシー侵害を報告④

報告したいものは何ですか？
- ● 写真
- ○ 動画
- ○ その他

報告したい写真の種類
- ○ プロフィール写真
- ● その他の写真

今お住まいの場所は？
- ○ 米国内
- ● 米国外

報告したいコンテンツのリンクをお知らせいただければ、Facebookで調査を行います。報告したいコンテンツのリンクを取得するには：

1. 報告したいコンテンツ（写真、動画、コメントなど）を見つけます。
2. このコンテンツが誰かのタイムラインの場合は、投稿された日時（27分前、5月30日19:30など）をクリックします。
3. ブラウザのアドレスバーからURLをコピーします。

https://www.facebook.com/notes/facebook-security/guest-post-stopbadware-qa/10150873437360766

facebook   Search for people, places and things

報告しようとしている写真のアドレス（URL）はありますか？
- ○ URLがあります
- ○ URLはわかりませんが、場所を説明することはできます

▶引用元：https://www.facebook.com/help/contact/144059062408922

選択をすると，次のような報告をするための別のフォームに移行します。

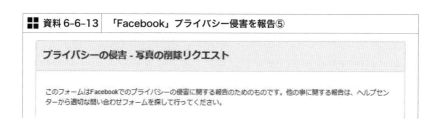

■■ 資料 6-6-13 | 「Facebook」プライバシー侵害を報告⑤

プライバシーの侵害 - 写真の削除リクエスト

このフォームはFacebookでのプライバシーの侵害に関する報告のためのものです。他の事に関する報告は、ヘルプセンターから適切な問い合わせフォームを探して行ってください。

▶引用元：https://www.facebook.com/help/contact/143363852478561

　「自分」を選択して，さらに表示される入力フォームに，URL と，氏名，メールアドレスを入力し，チェックボックスにチェックを入れて，「送信」ボタンを押します。

■■ 資料 6-6-14	「Facebook」プライバシー侵害を報告⑥

コンテンツへのリンク(URL)

https://www.facebook.com/...

名

姓

メールアドレス

☐ このチェックボックスをオンにすることで，入力したすべての情報が正確なものであることを表明するものとします。

こちらをチェック

▶引用元：https://www.facebook.com/help/contact/143363852478561

　送信ボタンを押すと，次のセキュリティチェックの画面が表示されるため，「私はロボットではありません」にチェックを入れた上で，改めて「送信」ボタンを押してください。

| 資料 6-6-15 | 「Facebook」プライバシー侵害を報告⑦ |

> **セキュリティチェック**
>
> 続行するには、セキュリティチェックが必要です。
>
> **こちらをチェック**
>
> □ 私はロボットではありません
>
> reCAPTCHA
> プライバシー - 利用規約
>
> これは、有害コンテンツ対策、スパム防止、および弊社製品の保全に役立ちます。
>
> 弊社では、このセキュリティチェックを提供するためにGoogleのreCAPTCHA Enterprise製品を使用してきました。reCAPTCHA Enterpriseの使用には、Googleのプライバシーポリシーおよび利用規約が適用されます。
>
> reCAPTCHA Enterpriseは、reCAPTCHA Enterpriseの提供、維持、改善のため、および一般的なセキュリティ上の目的で、デバイスやアプリの情報などのハードウェアおよびソフトウェアの情報を取得し、Googleに送信します。この情報はGoogleのパーソナライズ広告に使用されることはありません。
>
> このメッセージが表示される理由
>
> コミュニティ規定に違反していないと思われる場合は、Facebookにお知らせください。
>
> 送信 キャンセル

▶引用元：https://www.facebook.com/help/contact/143363852478561

③ なりすましの報告

「Facebook」は実名制の SNS と言われていることから，なりすましのアカウントを作成されたというケースについての対処方法を説明します。

辿り着く方法はいくつかありますが，**資料6-6-8**の「不正アクセスされたアカウントと偽装アカウント」をクリックしてください。そうすると，次の表示がされます。

不正アクセスされたアカウントと偽装アカウント

自分のアカウントはあなたご自身を表すものでなければならず、あなた以外には誰もそのアカウントにアクセスするべきではありません。他の利用者があなたのアカウントにアクセスしたり、あなたや誰か他の人になりすましてアカウントを作成した場合は、Facebookがサポートいたします。偽または架空の人物、ペット、有名人または団体のアカウントについてもぜひFacebookにお知らせください。

アカウントの不正アクセス

Facebookアカウントが不正アクセスされたか、何者かが許可なしに使用しているようです。　▼

友達のFacebookアカウントが不正アクセスされたようです。　▼

なりすましアカウント

こちらをクリック

なりすましアカウントはどのように報告すればよいですか。　▼

私や他の人になりすましているFacebookプロフィールやページを報告するにはどうすればよいですか。　▼

Facebookで私になりすましているアカウントに関わる情報をリクエストするにはどうすればよいですか。　▼

偽アカウント

偽のFacebookプロフィールを報告するにはどうすればよいですか。　▼

▶引用元：https://www.facebook.com/help/1216349518398524/

このうち「なりすましアカウントはどのように報告すればよいです

か」をクリックすると，フォームへのリンクが表示されます（「こちらの
フォーム」の部分がそうです）。

資料6-6-17 「Facebook」なりすましの報告②

> なりすましアカウントはどのように報告すればよいですか。 ▲
>
> Facebookアカウントをお持ちで、あなたやあなたの知っている人への
> なりすましを報告するには:
>
> 1. なりすましアカウントのプロフィールに移動します。
>
>   - 見つからない場合は、プロフィールで使用されている
>   名前を検索してみるか、友達にリンクを送ってもらえ
>   ないか確認します。
>
> 2. カバー写真上の ⋯ をクリックして、[**報告**]を選択します。
>
> 3. 画面の指示に従って、なりすましを報告します。
>
> Facebookアカウントをお持ちでなく、あなたやあなたの知っている人
> へのなりすましを報告する場合は、こちらのフォームに記入してくだ
> さい。（こちらをクリック）
>
> アカウントが不正アクセスの被害にあった場合に備えて、アカウント
> の安全を確保する方法をご確認ください。
>
> ▶引用元：https://www.facebook.com/help/1216349518398524/

　これをクリックすると，次のような「なりすましアカウントを報告」
というフォームが表示されます。

資料 6-6-18　「Facebook」なりすましの報告③

▶引用元：https://www.facebook.com/help/contact/295309487309948

　そこで，「誰かが私または友達になりすましたアカウントを作成した」を選択してください。そうすると，「Facebook アカウントをお持ちですか？」という質問が表示されるため，「いいえ」を選択してください。なお，ここで「はい」を選択すると，①の報告による方法が案内されます。

　「いいえ」を選択すると，「このアカウントはあなたになりすましていますか？」という質問が表示されるため，「はい，私になりすましています」か，未成年者の親権者であれば「いいえ，私はなりすましの対象となっている人物の公式代理人です（保護者など）」を選択してください。

資料 6-6-19　「Facebook」なりすましアカウント報告④

　これらを選択すると，「氏名」，「連絡先メールアドレス」，「なりすましプロフィールのフルネーム」，「なりすましのプロフィールに登録されているメールアドレスまたは携帯電話番号」の入力，本人確認書類のアップロード，「なりすましプロフィールの URL」の入力を求められます。

　本人確認書類は免許証，パスポート，マイナンバーカード等の身分証データを準備しておきましょう。未成年者の親権者の場合は，戸籍謄本など親子関係が分かる書類のほか，本人，未成年者の身分証を準備しておいてください。

　これらの入力およびアップロードができると，送信ボタンを押すことができるようになります。

　なお，追加情報の記入をすることもできるため，どの点からなりすま

しであると判断できるのかを補足できる情報があれば記入するとよいで
しょう。

7 | Ｉｎｓｔａｇｒａｍ

　「Instagram」は，写真を撮影，加工，共有できるスマートフォン向け SNS アプリであり，「Facebook」と同じく，アメリカのカリフォルニア州に本社を置く Meta Platforms, Inc. が運営しています。

　「Instagram」のアカウントを持っていると，個々の写真や動画から直接報告をすることが可能です。

① 写真や動画から直接報告する

　問題と考える写真や動画を開くと，コメントの下の部分に次のようなメニューを開くボタンが用意されているので，こちらをクリックしてください。

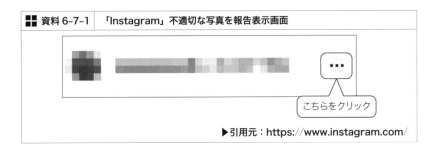

資料 6-7-1　「Instagram」不適切な写真を報告表示画面

こちらをクリック

▶引用元：https://www.instagram.com/

　すると，次のような選択肢が表示されるので，「報告する」をクリックしてください。

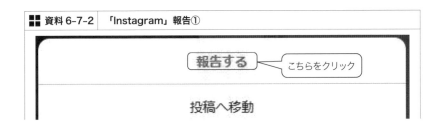

資料 6-7-2　「Instagram」報告①

報告する　こちらをクリック

投稿へ移動

シェア先...

リンクをコピー

埋め込み

キャンセル

▶引用元：https://www.instagram.com/

さらに，次の選択肢が表示されるので，自分の状況に合うものを選択して報告しましょう。なお，誰が報告をしたのかが本人に通知されることはありません。

■ 資料6-7-3 　「Instagram」報告②

報告　✕

この投稿を報告する理由

スパムである 　＞

ヌードまたは性的行為 　＞

ヘイトスピーチまたは差別的なシンボル 　＞

暴力または危険な団体 　＞

違法または規制対象商品の販売 　＞

　ただし，「単に気に入らない」についてはブロックすればよいだけなので，そのように案内されるにとどまります。また，「知的財産権の侵害」以外の選択肢については，基本的に「Instagram」に報告がされるだけで，詳細な状況を伝えることはできません。そこで，「Instagram」に用意されている報告フォームを使って，状況説明をするとよいでしょう。

　なお，「知的財産権の侵害」については，③で説明します。

② **報告フォームからの報告**

　まず，報告フォームを表示させる手順を説明します。

　トップページの一番下までスクロールすると，次の表示があるので，こちらの「利用規約」をクリックしてください。

▶引用元：https://www.instagram.com/

　すると，左側に次のような項目が表示されます。これは Instagram の「ヘルプセンター」のメニューです。

資料 6-7-5 「Instagram」ヘルプセンター①

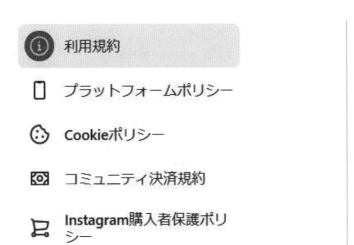

▶引用元：https://help.instagram.com/581066165581870/

　この中の「プライバシー，セキュリティー，報告」をクリックすると，
「報告するには」というメニューが表示されるのでこれをクリックしま
す。

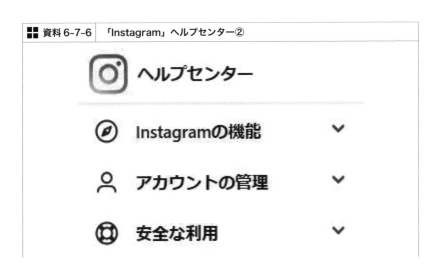

資料 6-7-6　「Instagram」ヘルプセンター②

▶引用元：https://help.instagram.com/2922067214679225/

　ここから報告したい内容によって，適切なものをクリックしていくことになります。たとえば，嫌がらせを受けている場合，「Instagram での嫌がらせやいじめの報告」という項目があるので，これをクリックすると，次のような表示がされ，「報告」の部分をクリックすると，報告用のフォームが表示されます。

■■ 資料 6-7-7	「Instagram」嫌がらせといじめの報告

Instagramでの嫌がらせやいじめの報告　　　　　　　　　　　▲

他の人に対していじめたり、嫌がらせをしたりする目的でアカウントが設定されている場合や、写真やコメントが他の人に対するいじめや嫌がらせを意図している場合は、[報告]してください。また、Instagramで他の人があなたや他の人のふりをしていると思われる場合の対処法についてもご確認いただけます。

こちらをクリック

ご報告にもとづき、必要に応じてアカウントのブロック等の措置が講じられます。

弊社のコミュニティ規定に従っていない他のアカウントや投稿を報告する方法は、こちらをご覧ください。

▶引用元：https://help.instagram.com/2922067214679225

そうすると，次の表示がされます。

■■ 資料 6-7-8	「Instagram」嫌がらせまたはいじめを報告①

Instagramでの嫌がらせまたはいじめを報告

利用者本人またはその他の人に対するInstagramでのいじめや嫌がらせのコメントまたはそのような行為を行っているプロフィールはこのフォームで報告してください。問題を詳しく調査できるようできるだけ詳細な情報を記入してください。

Instagramアカウントを持っていますか？

○ はい
○ いいえ

送信

▶引用元：https://help.instagram.com/contact/188391886430254

この質問に，「はい」か「いいえ」を選択していくことになりますが，選択によって以下のような選択肢が追加で表示されます。

■■ 資料 6-7-9	「Instagram」嫌がらせまたはいじめを報告②

Instagramアカウントを持っていますか？

◉ はい
○ いいえ

メールアドレス

報告しようとしているコンテンツの閲覧がブロックされていますか？
- ⦿ はい
- ○ いいえ

発生場所
1つ選択:
- ⦿ 写真
- ○ 動画
- ○ 写真または動画のコメント
- ○ プロフィール全体が不適切です

報告したいコンテンツにアクセスできますか？
- ⦿ はい
- ○ いいえ

Instagramの写真または動画へのリンクを入手する方法については、こちらをご覧ください。

報告したい写真へのリンク:

写真の内容と不適切な理由:

報告を行なっている国
国名を入力してください...

送信

▶引用元：https://help.instagram.com/contact/188391886430254

　入力を求められている項目に従って入力をしていき，「送信」ボタン
を押せば報告をすることができます。ただし，「Instagram アカウントを
持っていますか？」の質問に「はい」を選び，次に「報告しようとして
いるコンテンツの閲覧がブロックされていますか？」の質問に「いいえ」
を選ぶと，①の方法を行うように誘導されることになります。

③　著作権侵害を受けたことを報告する

　自分の撮影した写真が勝手に第三者に使われているなど，著作権侵害
を受けた場合は，**資料6-7-6**の「報告するには」をクリックした後のメ

ニューで表示される「Instagramでの著作権侵害を報告するにはどうすればよいですか。」をクリックしてください。そうすると，次の表示がされます。

資料6-7-10	「Instagram」知的財産権侵害を報告する

知的財産権侵害を報告する

Instagramでの著作権侵害を報告するにはどうすればよいですか。　▲

Instagram上のコンテンツが自分の著作権を侵害していると思われる場合は、以下の措置を取ることができます。

- こちらのフォームを使ってInstagramに報告します。

- 「ブランドの権利保護」を使って報告します。このツールを使うと、権利所有者は商標や著作権を侵害するコンテンツや偽造品を特定して報告できます。

　　こちらをクリック

- 米国デジタルミレニアム著作権法(DMCA)の通知と反論通知の手順に従ってFacebookの指定代理人に連絡できます。FacebookのDMCA指定代理人に連絡する場合は、著作権侵害の申し立てに必要なすべての情報を必ず報告に含めるようにしてください。

以下の点にご注意ください。

- 著作権侵害を報告できるのは、著作権の所有者またはその公式代理人のみです。Instagram上のコンテンツが第三者の著作権を侵害していると思われる場合は、権利所有者までお知らせください。

- 通常は、権利所有者の名前、報告者のメールアドレス、および報告の詳細が、報告対象のコンテンツを投稿した人物に通知されます。公式代理人が報告を送信した場合は、問題の権利を所有する組織またはクライアントの名前を提供します。そのため、ビジネス用の有効なメールアドレスを記載することをおすすめします。

▶引用元：https://help.instagram.com/2922067214679225/

　この中の「こちらのフォームを使ってInstagramに報告します」という部分をクリックすると，「著作権報告フォーム」に移ります。

■■ 資料 6-7-11 　「Instagram」著作権報告フォーム①

著作権報告フォーム

著作権とは、映画、音楽、書籍、芸術など、原作者のオリジナル作品を保護する法的権利です。こちらのフォームは、著作権侵害の疑いを報告する場合にのみ使用してください。こちらのフォームを不正利用された場合、アカウントを削除させていただく場合があります。

権利所有者との関係を説明してください。

○ 私は権利所有者である ┈┈┈ こちらをチェック
○ 自分が所属する団体またはクライアントのための報告である
○ 他の人のための報告である

[送信]

▶引用元：https://help.instagram.com/contact/552695131608132

　次に「私は権利所有者である」を選択すると，さらに次のフォームが表示されます。

■■ 資料 6-7-12 　「Instagram」著作権報告フォーム②

連絡先情報

通常、権利所有者の名前、報告者のメールアドレス、報告の詳細を、報告対象のコンテンツを投稿した人物に提供します。この人物が、あなたの提供した情報を基にあなたに連絡する場合があります。そのため、ビジネス用の有効なメールアドレスを記載することをおすすめします。

氏名

住所

メールアドレス

連絡に使用できるメールアドレスを入力してください。仕事用のメールアドレスを使用することができます。報告された当事者からこのメールアドレスに連絡がある場合があります。

メールアドレスを確認のため再入力してください

権利者の名前

あなたの氏名またはあなたが正式な代理人を務める団体の名前を入力してください。

権利者の所在地

--Select an option-- ▼

その著作物に一番よく当てはまるのはどれですか？

選択してください ▼

著作物へのリンク(URL)を提供するか、または以下のボックスに説明を入力してください。

You can provide links (URLs) to examples on your website, your Instagram account or anywhere else on the web. Please note that we are unable to review materials hosted on a third-party application.

報告するコンテンツ

報告するコンテンツのタイプ
- ☐ 写真、動画、投稿
- ☐ ストーリーズ
- ☐ 広告
- ☐ その他

報告したいコンテンツへのリンク(URL)を入力してください。
この報告で複数のリンク(URL)を同時に報告できます。複数のリンクを報告する場合は、以下の入力欄に各リンク(URL)を入力してください。1行につき1件のリンクを入力してください。

```
https://www.instagram.com/...
```

このコンテンツの報告理由を説明してください。

選択してください ▼

報告の理解に役立つその他の情報を提供してください。

宣言文

この通知を送信することで、報告に関連する上記の使用が著作権所有者やその代理人、または法律により許可されていないものであること、この通知に含まれる情報が正確なものであること、また虚偽の申し立てをすれば偽証罪に問われることを承知の上で、この著作権所有者の正式な代理人として行動する権限があることを表明するものとします。

電子署名
電子署名はあなたの氏名と一致する必要があります。

[送信]

▶引用元：https://help.instagram.com/contact/552695131608132

　フォームの案内にしたがって，適宜入力をしていけばよいですが，「著作物へのリンク（URL）を提供するか，または以下のボックスに説明を入力してください。」については，現在公開されている自身の元々のサイトがある場合には，URLを記載し，ない場合には，どの写真が自身の撮影した写真であるかを説明してください。

「報告したいコンテンツへのリンク (URL)」については，パソコンで問題とする画像の URL をクリックすればアドレスバーに表示されるので，それを入力すればよいです。

　そして，「コンテンツの報告理由」はプルダウンで選択できますが，「このコンテンツは私の作品をコピーしている」を選択してください。その他にも選択肢はありますが，それらは基本的に著作権とは関係がないため，別のフォームを案内されてしまいます。

　そして，「報告の理解に役立つその他の情報を提供してください。」については，その写真について，なぜ自分が著作権を有しているのかを説明してください。注意点としては，自分が写っていれば著作権者となるというものではなく，あくまで自分で撮影したかが基本的に問題になるということです。自分で撮影していない場合は，著作権の譲渡を受けているということを説明するとよいでしょう。

　最後に，「宣誓文」をチェックした上で，電子署名として氏名を入力して「送信」ボタンを押して報告が完了します。

　追加で資料を求められることもあるかもしれませんが，報告後 1 週間程度を目安として，全く対応されなかったり連絡もなかったりする場合には，改めて報告をしてみるとよいでしょう。

FC2

（ブログ，WIKI，動画，掲示板など）

「FC2」は，アメリカのネバタ州に本社を置く企業ですが，「Twitter」や「Facebook」と違って日本法人が存在していません。また，外国会社の登記もされていません。そのため，削除依頼や開示請求は，アメリカの本社相手に行う必要があります。裁判となると大変ですが，「FC2」には連絡フォームが設けられており，削除依頼については一定の対応をしてくれます。

① 問い合わせフォームを表示する

「FC2」のトップページに行き，一番下までスクロールし，「お問い合わせ」をクリックします。

⊞ 資料 6-8-1　「FC2」トップページ

▶引用元：https://fc2.com

クリックすると，次のような問い合わせに関するページが表示されます。この中に，「FC2サービスをご利用の方へ」というリンクがあるので，これをクリックするか，このページをそのまま下にスクロールしてください。

⊞ 資料 6-8-2　「FC2」お問い合わせ

お問い合わせ

弊社へのお問い合わせは、下記の各種お問い合わせフォームにて24時間受け付けしております。
迅速な対応を心がけておりますが、返答までにお時間を頂くことがございます。
また場合によっては、お問い合わせの回答が時間にかかわらず届く場合もございますので、
あらかじめご了承のほど、よろしくお願いいたします。

> FC2サービスをご利用の方へ   こちらをクリック
> メディア関係者の方へ
> 広告主の方へ
> メール配信停止をご希望の方へ
> 法的機関の方へ

▶引用元：https://help.fc2.com/inquiry

　そうすると，「FC2」が提供しているサービスの一覧が表示されます。その中から，問い合わせをしたいサービスを選択してください。たとえば，「FC2ブログ」を選ぶと，次のようなページが表示されます。

資料6-8-3 　「FC2」「FC2 ブログ」お問い合わせフォーム表示画面

FC2ブログお問い合わせ

お問い合わせの前に

本サービスに関するお問い合わせは、お問い合わせフォームから24時間受け付けしております。
迅速な対応を心がけておりますが、返答までにお時間を頂くことがございます。
また場合によっては、お問い合わせの回答が時間にかかわらず届く場合もございますので、
あらかじめご了承のほど、よろしくお願いいたします。

FC2ヘルプでは、お客様から寄せられたよくある質問（Q&A）や、サービスのご利用方法（マニュアル）など、多くの問題解決方法が掲載されています。まだご覧になっていないお客様は、こちらもご確認ください。

Q&A・マニュアルをチェックする

お問い合わせフォーム

本サービスの専用お問い合わせフォームです。
お問い合わせの際は、ご利用環境・手順・発生したエラー内容など、できるだけ詳細を添えてご連絡ください。問題が早期解決しやすくなります。

ご利用方法や不具合に関するお問い合わせはこちら   ＞

▶引用元：https://help.fc2.com/blog/inquiry

　そこで，「不適切サイト・異議申し立てに関するお問い合わせはこち
ら」というリンクがあるため，こちらをクリックすると，次のフォーム
が表示されます。

■■ 資料 6-8-4　「FC2」「FC2 ブログ」お問い合わせフォーム

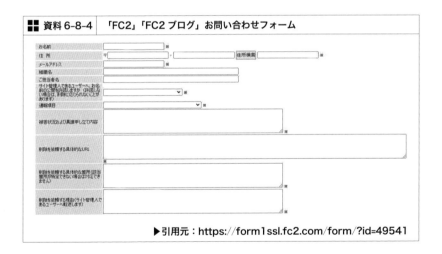

▶引用元：https://form1ssl.fc2.com/form/?id=49541

② 問い合わせフォームに入力する

　そこで，こちらに掲げられている項目について入力していきましょう。
記載例は，次の通りです。

お名前	杉山恭雄		
住　所	〒	456 －	7890
	短原県上短原市伊與川987-65-403		
メールアドレス	yasuo.sugiyama@mail-service.com		
組織名			
ご担当者名			
サイト管理人であるユーザーへ、お名前の公開を許諾しますか（許諾しない場合は、削除に応じられないことがあります）	許諾する		
被害状況および異議申し立て内容	私は以前短原県の下短原市役所に勤務していましたが，ある日，電車内で女性のスカートの中を盗撮したという容疑で逮捕されました。自分がしたことは認め，被害者の方とは示談をし，不起訴となっています。 　私は同市役所を退職し，友人の会社などで仕事をさせてもらっていましたが，私の過去が問題になり友人に迷惑をかけるわけにもいかないため，退職しました。その後職を探していますが，逮捕報道が存在していることを理由に，採用を断られつづけています。 　私は更生しようと必死ですが，雇ってくれる先がない状態が 1 年以上続いています。報道されたときから既に 4 年以上経過しており，報道された犯罪についても不起訴となっています。そのため，現時点でこのような報道の掲載を続けることは，前科などに関する事実の公表によって，新しく形成している社会生活の平穏を害され，その更生を妨げられない利益を侵害するものです。 　そのため，対象について削除いただけますようお願いいたします。		
削除を依頼する具体的なURL	https://123xxx456.blog.fc2.com/blog-entry-7890.html		
削除を依頼する具体的な箇所	短原県警下短原署は18日，電車内で女性のスカート内を盗撮したとして，短原県迷惑防止条例違反の疑いで下短原市職員の杉山恭雄容疑者（28）を現行犯逮捕した。 　逮捕容疑は，同日午前 8 時半頃，持っていたスマートフォンを同市に住むアルバイト従業員の女性（19）のスカート内に向け，撮影した疑い。 　同署によると，女性の知人男性が盗撮に気づいて取り押さえた。杉山容疑者は上着の袖にスマートフォンを隠していたという。		
削除を依頼する理由（サイト管理人であるユーザーへ転送します）	（注：上の「被害状況および異議申し立て内容」と同じ内容を記載します。）		

他のサービスの場合でもフォームが表示されるので，それに沿って削除を依頼すればよいでしょう。

③　著作権侵害に基づく削除依頼をする

　ところで，ブログなどでは著作権が侵害されてしまったというケースもあるでしょう。このような場合，「FC2」には著作権侵害を申告するフォームが用意されています。資料6-8-4のフォームの上部には，「権利者の著作権を侵害しているコンテンツの申し立ては，下記フォームよりご連絡ください（FC2動画を除く）」という部分があります。

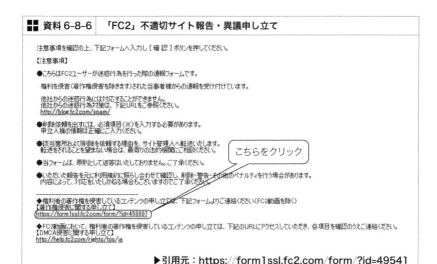

■■ 資料6-8-6　　「FC2」不適切サイト報告・異議申し立て

注意事項を確認の上，下記フォームへ入力し［確認］ボタンを押してください。
【注意事項】
●こちらはFC2ユーザーが迷惑行為を行った際の通報フォームです。

　権利を侵害（著作権侵害を除きます）された当事者様からの通報を受け付けています。

　他社からの迷惑行為には対応することができません。
　他社からの迷惑行為対策は，下記URLをご参照ください。
　http://blog.fc2.com/spam/

●削除依頼を出すには，必須項目（※）を入力する必要があります。
　申立人様の情報は正確にご入力ください。

●該当箇所および削除を依頼する理由を，サイト管理人へ転送いたします。
　転送をされることを望まない場合は，最寄りの法的機関にご相談ください。

●当フォームは，原則として返答はいたしておりません。ご了承ください。

●いただいた報告を元に利用規約に照らし合わせて確認し，削除・警告・その他のペナルティを行う場合があります。
　内容によって，対応をいたしかねる場合もございますのでご了承ください。

●権利者の著作権を侵害しているコンテンツの申し立ては，下記フォームよりご連絡ください（FC2動画を除く）
【著作権侵害に関する申し立て】
https://form1ssl.fc2.com/form/?id=458807

●FC2動画において，権利者の著作権を侵害しているコンテンツの申し立ては，下記のURLにアクセスしていただき，各項目を確認のうえご連絡ください。
【DMCA侵害に関する申し立て】
http://help.fc2.com/rights/tos/ja

こちらをクリック

▶引用元：https://form1ssl.fc2.com/form/?id=49541

　そこで，このリンクをクリックすると，著作権侵害に関する申立てのフォームが表示されます。ここから，著作権侵害に基づく削除を依頼することができます。

資料 6-8-7 「FC2」著作権侵害に関する申し立てフォーム

会社・組織名	※
お名前・担当者名	※
メールアドレス	※
住　所	※
TEL	例)123-456-7890
削除依頼事由	※
ライブの場合は侵害が確認された日時	※
あなたが権利を有するコンテンツの情報	※
削除を依頼する具体的なURL	※
削除対象のコンテンツ件数（ご報告のURLと一致する件数を記入してください）	※
同意事項(1)	☐ 次の条項を確認し、同意する。「申し立てをしたコンテンツの使用が、著作権者、代理人、または法律によって許可されていないことを、良心に従い誠実に認識しています。」
同意事項(2)	☐ 次の条項を確認し、同意する。「通知内容に偽りがなく、偽証が処罰の対象であることを承知のうえで、法律において認められた著作権を所有する者又はその正式な代理人であることを誓います。」
同意事項(3)	☐ 該当のコンテンツを公開しているサービス利用者に対し、削除依頼者の名称、連絡先および削除希望の事由等の情報を開示することを了承します。
同意事項(4)	☐ 申し立てに含めたすべての情報に間違いはありません。※
ご注意	☐ 当フォームを不正利用した場合、FC2アカウントが削除されますのでご注意下さい。
電子署名(署名は個人名、法人の場合は担当者様のご氏名【姓・名】をご入力ください。)	※

▶引用元：https://form1ssl.fc2.com/form/?id=458807

こちらには，次のように必要事項を入力して送信すればよいです。

資料 6-8-8 「FC2」著作権侵害に関する申し立てフォーム記載例

会社・組織名	株式会社朝売経済新聞社	
お名前	藤村五朗	
メールアドレス	g-fujimura@asakei.co.jp	
住　所	東京都中区小手町 6 丁目16番26号	
TEL	03-3646-5676	
削除依頼事由	私が発行しているメールマガジン「朝売経済・藤村五朗の特ダネ特急特報」の内容がそのまま下記ブログに転載されています。メールマガジンの内容の転載を認めたことはこれま	

	でありませんし，ブログには私の書いた内容以外のものは含まれておらず，引用の要件を満たすものではありません。
ライブの場合は侵害が確認された日時	
あなたが権利を有するコンテンツの情報	https://asakei.co.jp/goro-fujimura/150430[*1]
削除を依頼する具体的な URL	https://123xxx456.blog.fc2.com/blog-entry-7890.html https://123xxx456.blog.fc2.com/blog-entry-7891.html
削除対象のコンテンツ件数（ご報告の URL と一致する件数を記入してください）	2
同意事項（1）	✓
同意事項（2）	✓
同意事項（3）	✓
同意事項（4）	✓
ご注意	✓
電子署名（署名は個人名，法人の場合は担当者様のご氏名をご入力ください。）	藤村五朗

注：*1 自分が著作権を保有しているコンテンツの URL などを記載してください。

④ 「FC2動画」の削除依頼をする

①で各サービスの一覧から「FC2動画」を選んだ場合，その問い合わせフォームは，サービス利用に関する問い合わせを前提としていて，削除依頼には対応していません。「FC2動画」については，**資料6-8-6**にある通り，「DMCA 侵害に関する申し立て」というものが必要です。DMCA とは，デジタルミレニアム著作権法（Digital Millennium Copyright Act）のことで，アメリカのデジタルデータに関する著作権保護法です。

そこで，**資料6-8-6**にある「DMCA 侵害に関する申し立て」をクリックします。そうすると，「DMCA 侵害に関する申し立て」というページが表示され，その中に「通知フォーム」へのリンクが用意されています。

資料 6-8-9　「FC2」「FC2 動画」DMCA 侵害申し立てフォーム表示画面

通知フォーム

フォームへアクセスして必要な諸項目を記入し、FC2へ通知してください。

DMCA侵害申し立てフォーム

こちらをクリック

▶引用元：http://video.fc2.com/dmca_help.php

　こちらをクリックすると，次のフォームが表示されます。**資料6-8-4**や**資料6-8-7**と同じように，必要事項を入力して送信してください。

資料 6-8-10　「FC2」「FC2 動画」DMCA 侵害申し立てフォーム

名 ※	
姓 ※	
組織名称	
郵便番号 ※	
住 所 ※	
市町村 ※	
都道府県 ※	
国 ※	日本 ▼
電話番号 ※	
メールアドレス ※	
削除を依頼する具体的なURL（複数入力可）※	
削除対象のコンテンツ件数（ご報告のURLと一致する件数を記入してください）※	
削除を依頼する理由 ※	
電子署名（署名は個人名、法人の場合は担当者様の氏名をご入力ください。）※	
同意事項（1）※	□ 次の条項を確認し、同意する。「申し立てをしたコンテンツの使用が、著作権者、代理人、または法律によって許可されていないことを、良心に従い誠実に認識しています。」
同意事項（2）※	□ 次の条項を確認し、同意する。「通知の内容に偽りがなく、偽証が処罰の対象であることを承知のうえで、法律において認められた著作権を所有する者又はその正式な代理人であることを誓います。」
同意事項（3）※	□ 該当のコンテンツを公開しているサービス利用者に対し、削除依頼者の名称、連絡先および削除希望の事由等の情報を開示することを了承します。
同意事項（4）※	□ 申し立てに含めたすべての情報に間違いはありません。

▶引用元：http://video.fc2.com/dmca_form.php

記載例は，次の通りです。

■■ 資料 6-8-11	「FC2」「FC2 動画」DMCA 侵害申し立てフォーム記載例	
名	麻菜	
姓	大山	
組織名称		
郵便番号	197-5319	
住　所	中崎台2-8-14-202	
市町村	城南区	
都道府県	東京都	
国	日本	
電話番号	080-1734-5168	
メールアドレス	asana.comics@mail-service.com	
削除を依頼する具体的なURL（複数入力可）	https://video.fc2.com/content/19991230jABCDEF	
削除対象のコンテンツ件数（ご報告のURLと一致する件数を記入してください）	1	
削除を依頼する理由	私の描いた漫画がスキャンされて公開されています。この作品はいわゆる同人作品として，コミックマーケットで販売しているほか，インターネット上でも通信販売の形で購入できるようにしています。作品はお金儲けのために作っているものではありませんが，このような無料配布をされると今後の活動のための資金調達に支障をきたします。 　誰が配信しているかわかりませんが，私が配信を許可したことは一切なく，このような配信は私の著作権を侵害するものだと考えます。	
電子署名（署名は個人名、法人の場合は担当者様のご氏名をご入力ください。）	大山麻菜	
同意事項（1）	✓	
同意事項（2）	✓	
同意事項（3）	✓	
同意事項（4）	✓	

9 Google
(Google マップ，Blogger/Blogspot などのブログサービス，オートコンプリート・関連検索キーワード，検索結果表示)

　「Google」は，アメリカのカリフォルニア州に本社を置く法人であり，運営会社は「Google LLC」です。日本でも検索サイトをはじめ，メール，スケジューラー，マップサービス，各種クラウドサービス，ブログなど様々なサービスを提供しています。「Google」は，2022 年 7 月，会社法に基づく外国会社の登記を行いました。(ただし，外国会社の所在地としては，デラウェア州の住所になっています)。日本法人 (グーグル合同会社) も存在しますが，日本でのプロモーション活動を行う目的で設置されており，法的な対応ができないので，削除依頼や開示請求は，外国会社である「Google LLC」に行います。

　「Google」は，あまり積極的に対応してくれるという印象はありませんが，削除依頼にはある程度応じてくれます。

① **「Google」の削除等依頼フォームを開く**

　「Google」内でサイト内をクリックして削除依頼をするページにたどり着くことは簡単ではありません。そこで，「Google からコンテンツを削除する」と検索してください。そうすると，「Google からコンテンツを削除する―Legal ヘルプ」という検索結果が表示されると思いますので，これをクリックしてください。

　そうすると，Legal ヘルプのページが表示され，サービスを選択する画面が表示されます。

Google からコンテンツを削除する

このページでは、適用される法律に基づき Google サービスからの削除を希望するコンテンツを報告できます。すべての項目に入力していただくと、お問い合わせ内容について Google で詳しく調査することができます。

Google の利用規約やコンテンツ ポリシーに関連する法律外の案件につきましては、Google ヘルプセンター（http://support.google.com）をご覧ください。

問題のコンテンツが表示される Google サービスごとに、個別に通知を送信していただけますようお願いいたします。

どの Google サービスに関連する申し立てですか？

○ G Google 検索

○ Ｂ Blogger/Blogspot

○ ♀ Google マップと関連プロダクト

○ ▶ Google Play: アプリ

○ ◘ YouTube

○ ◙ Google 画像検索

○ Ａ Google 広告

○ △ Google ドライブとドキュメント

○ ▲ Google Photos and Picasa Web Albums

○ ◗ Google ショッピング

○ その他のサービスを見る

▶引用元：https://support.google.com/legal/troubleshooter/1114905

　ここから該当するサービスを選びます。ここに表示されていないものについては「その他のサービスを見る」にチェックを入れれば表示されるようになります。

② 「Google マップ」の削除依頼をする

　Google 検索である場所を調べた際，その場所の地図とともに，評価やコメントが書き込まれているのを目にすることは多いのではないかと思います。これは，「Google マップ」に記録されている場所に紐付いてクチコミがされているものですが，これについて削除を依頼する方法を説明

します。

　まず，**資料6-9-1**で「Google マップと関連プロダクト」を選択してください。クチコミの削除をするには，**資料6-9-2**の「ローカルリスティング」を選択してください。なお，「Google マップ」について報告する場合は，たとえば，地図自体に誤りがあるといった場合です。クチコミ等についての問題は，地図自体の問題ではないという切り分けがされています。

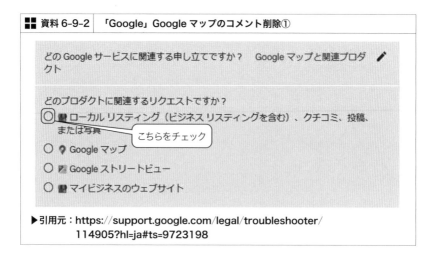

資料 6-9-2　「Google」Google マップのコメント削除①

▶引用元：https://support.google.com/legal/troubleshooter/
114905?hl=ja#ts=9723198

「ローカルリスティング」を選択すると，以下の表示がされます。

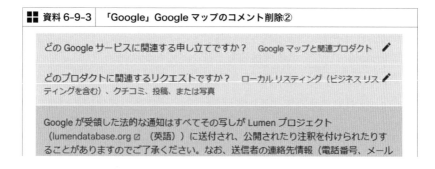

資料 6-9-3　「Google」Google マップのコメント削除②

アドレス、住所など）は Lumen によって削除されますが、**氏名・会社名・団体名など
は公開されますので予めご了承ください**（公開された通知の参考画像 ☑ ）。

また、通知の原本を侵害者とされる相手、またはお送りいただいた申し立ての有効性が
疑わしいと判断する理由がある場合は権利所有者に送付することもあります。

また、お送りいただいた通知について同様の情報を Google の透明性レポートに公開す
る場合もあります。このレポートについて詳しくは、こちら ☑ をご覧ください。

お調べになりたいことを入力してください。
○ ローカル リスティングの情報の間違いを変更したい
○ ローカル リスティングの情報が変更された理由を知りたい
○ **個人情報:** コンテンツに個人情報が含まれている
○ **知的財産権に関する問題:** 著作権侵害、技術的保護手段の回避などを報告する。
○ **裁判所命令:** 特定のコンテンツが違法であると裁判所が判断した　　こちらをチェック
○ **法的な問題:** まだ記載されていない法的な問題
○ **児童の性的虐待に関するコンテンツ:** 未成年者が関与している露骨な性的行為の描写

▶ 引用元：https://support.google.com/legal/troubleshooter/
1114905?hl=ja#ts=9723198%2C7170398

　ここから，自身の状況に合致するものを選択すればよく，個人情報が
記載されているということであれば「個人情報：コンテンツに個人情報
が含まれている」を，自身が著作権を持つ著作物が投稿されているとい
うことであれば「知的財産権に関する問題：著作権侵害，技術的保護手
段の回避などを報告する。」を，誹謗中傷を受けているということであ
れば「法的な問題：まだ記載されていない法的な問題」を選択してくだ
さい。

　通常は特定のコンテンツが違法であるとする裁判を取得していること
まではないと思われますが，裁判を取得しているのであれば，「裁判所
命令：特定のコンテンツが違法であると裁判所が判断した」を選択して
ください。

　以下では，誹謗中傷が書き込まれたというケースを前提に，「法的な
問題：まだ記載されていない法的な問題」を選択した場合について説明

します。

これを選択すると,「リクエストを作成」というボタンが表示されるので,これをクリックしてください。

| ■■ 資料 6-9-4 | 「Google」Google マップのコメント削除③ |

お調べになりたいことを入力してください。　法的な問題: まだ記載されていない法的な問題　✎

問題についてご説明いただきありがとうございます。[**リクエストを作成**] をクリックすると、担当チームにリクエストが送信されます。

リクエストを作成　←　こちらをクリック

▶引用元：https://support.google.com/legal/troubleshooter/
1114905?hl=ja#ts=9723198%2C7170398%2C7687149

そうすると,「法律に基づく削除に関する問題を報告する」というフォームが表示されます。

| ■■ 資料 6-9-5 | 「Google」Google マップのコメント削除④ |

法律に基づく削除に関する問題を報告する

ご自身の国で違法と思われるコンテンツを発見された場合、このフォームから申し立てを送信していただけます。

問題となっているコンテンツの正確な URL を記載し、そのコンテンツが違法であるとお考えの理由を詳細に記述してください。お送りいただいた申し立てについては、コンテンツの削除に適用される Google のポリシーに照らして検討し、必要に応じて適切な措置を講じます。

このフォームを送信しても、申し立てについてなんらかの措置が講じられるとは限りませんのでご了承ください。

* 必須項目

申立人の情報

居住国 *

1つ選択してください　　　　　▼

戸籍上の姓名 *

権限に基づいて誰かの代理としてリクエストを送信する場合でも、ご自身の姓名をご記入ください。他のユーザーの代理人である場合は、代理人を務める法的権限を有している必要があります。

会社名

該当する場合のみ記入

あなたが法的権利の代理人を務める企業や組織の名前

該当する場合のみ記入（あなたが法定代理人の場合など）

連絡先メールアドレス *

権利侵害にあたるとお考えのコンテンツ

問題のクチコミへのリンクをお知らせください。クチコミの正しい URL を見つける方法は以下のとおりです。

1. クチコミの下にある、またはクチコミの横にあるその他メニューで、[共有] ボタンをクリックします。
2. [リンクをコピー] をクリックします。

URL は、https://www.google.com/maps/ ☒ または https://goo.gl/maps ☒ から始まっている必要があります。

権利侵害にあたるとお考えの URL *

フィールドを追加

多数の URL を報告する場合は、処理の迅速化のため、1件の通知につき 10〜100 件の範囲内で URL を送信することをおすすめします。下の [さらに追加] をクリックすると、複数の URL を送信できます。

申し立ては写真、画像、動画に関連していますか？ *

○ はい

○ いいえ

上記の URL のコンテンツが違法であるとお考えの理由について、可能な限り具体的な法律の条文を引用し、詳しくご説明ください。 *

具体的な説明として、上記の各 URL から、ご自分の権利を侵害していると思われるテキストを正確に引用してください。権利侵害にあたるとされるコンテンツが画像や動画である場合は、問題の画像や動画について詳しくご説明いただき、該当の URL で Google がその画像や動画を特定できるようにしてください。 *

私は、虚偽の申告をした場合には偽証罪に問われることを認識したうえで、この通知に記載する情報が正確であること、およびこの違反の疑いを報告する権限があることを誓います。 *

☐ この内容に同意する場合は、チェックボックスをオンにしてください

提出いただいた申し立てが正しく記入されていない場合や内容が不十分な場合、Google では対応しかねますのでご注意ください。複数の Google サービスが関連している場合は、それぞれのサービスについて通知をお送りください。

署名

署名 *

下に氏名を入力することで、デジタル署名を行ったことになります。デジタル署名は手書きの署名と同等の法的拘束力を有します。申し立てを正常に送信するには、この署名がこのフォームの冒頭で入力した氏名と完全に一致している必要があります。

署名日: Sun, 24 Jul 2022

送信

▶引用元：https://support.google.com/legal/contact/
　　　　　lr_legalother?product=geo&uraw=

　まず，自身の情報を入力していく必要があります。

　「居住国」は，プルダウンの中から「日本」を選択します。次に，「戸籍上の姓名」，「会社名」，「あなたが法的権利の代理人を務める企業や組

織の名前」(該当する場合のみ),「連絡先メールアドレス」などの情報を入力してください。

　次に,「権利侵害にあたるとお考えの URL」を入力する必要があります。URL は,検索結果として表示される「Google のクチコミ」の部分からでは取得できません。正しい URL を取得するには,まずマップ部分をクリックしてください。

■■ 資料 6-9-6　「Google」クチコミ URL の取得方法①

▶引用元：https://www.google.com/search?q=アルシエン

　そうすると,Google マップの表示になり,スポットの情報とともに,クチコミが表示されているページに移動します(下にスクロールするとクチコミが表示されています)。この中から問題と考えているクチコミを探し,右上にあるメニューボタンをクリックします。

資料 6-9-7　「Google」クチコミ URL の取得方法②

こちらをクリック

◀ 返信

▶引用元：https：//www.google.com/maps/place/法律事務所アルシエン/
@35.6719235, 139.7457772, 15z/data=!3m1!5s0x60188
b8eebbcd8a5: 0xc523bbdf4b86ffc9!4m7!3m6!1s0x0:
0x925cc041d3911261!8m2!3d35.6719235!4d139.
7457772!9m1!1b1

　「クチコミを共有」,「違反コンテンツを報告」という選択肢が表示されるので,「クチコミを共有」をクリックしてください。そうすると, 共有リンクとして URL が表示されるため, これをコピーすることで, クチコミの URL を取得することができます。

資料 6-9-8　「Google」クチコミ URL の取得方法③

共有　　　　　　　　　　　　　　　　　　　✕

リンクを送信する　　　　地図を埋め込む

法律事務所アルシエン のクチコミ
作成者

共有リンク

　このようにした取得した URL を「権利侵害にあたるとお考えの URL」に入力してください。なお,「フィールドを追加」の部分をクリックすれば, 100件まで追加できるようです。

　「申し立ては写真, 画像, 動画に関連していますか？」については, 関係がないことが多いと思われるので,「いいえ」を選択すればよいでしょう。

　次に, クチコミが違法である理由を具体的に説明した上で, 問題のクチコミの内容をコピーして貼り付けてください。**事例 6** をもとにした記載例は以下のとおりです。

▓▓ 資料 6-9-9 「Google」Google マップのコメント等の削除依頼 記載例

上記の URL のコンテンツが違法であるとお考えの理由について、可能な限り具体的な法律の条文を引用し、詳しくご説明ください。

　当社は、「ベンチャーといえども法令を遵守する」ということを一つの目標として社内外に発信し、サービス残業は絶対にさせない、セクハラ・パワハラ等が起きないようにフラットな職場を目指すといったことを日々実践しています。このことは近年の働き方改革の流れにも合致したということから、たびたび新聞やビジネス誌などでも当社の取り組みを取り上げていただいております。
　書込みでは、「帰宅は毎日深夜過ぎ」になるのに「朝は 8 時半から朝礼」がある、「気に入らないと社長室に呼ばれて 3 時間位怒鳴られ」るような「他人の意見を聞かない

「ワンマン社長」であることもあり、「離職率が 70％位」あるとされています。これを普通に読めば、当社では毎日深夜までの労働が強制される反面、朝も 8 時半までには出社しなければならないということなので、労働時間が相当長時間に亘っており、かつ、不当な理由で長時間罵倒するようなことが日常的に行われている結果、社員がすぐに辞めていくと読み取れます。このような会社に入社したいと思う人は普通はいないことから、この書込みは当社の社会的評価を低下させるものです。

しかし当社では、週の初めに朝礼は行いますが、毎日朝礼を行ってなどいません。また、全社員の退社時間は遅くても 20 時くらいであり、このことは当社が導入している警備システムの記録からも明らかにできます。全員が退社しないと警備システムを作動させることはできませんが、毎日遅くても 20 時には警備システムが作動しており、深夜までの労働が強制されているなどという実態は一切ありません。また、社長室に呼ばれて罵倒されるという点についても、当社では社長室は設けておらず、全員がフラットな場所で働いています。もちろん、気に入らないといった理由で怒鳴るなどということもなく、何かミスがあった場合でも、ミス自体を責めるというよりも、どうしてそのようなミスを起こしてしまったのかを考えることで、同じミスを防ぐという観点から、ミスをした本人の上司や部下も含めて、ミスを防止するための仕組みを検討するようにしています。そのため、怒鳴るということ自体が普通あり得ません。さらに、離職率は算出したことはありませんが、当社でこれまで結婚や出産を機に退職した方を除けば、退職したのは 6 名程度であり、どんなに多く見積もっても 70％の離職率があるということはあり得ません。

このように、書き込まれた内容は全くもって事実無根です。

そのため、書込みは名誉毀損罪（刑法 230 条 1 項）に当たると考えており、また、民事上も不法行為（民法 709 条）も構成すると考えるので、対象記事の削除をしていただけますようお願いいたします

具体的な説明として、上記の各 URL から、ご自分の権利を侵害していると思われるテキストを正確に引用してください。権利侵害にあたるとされるコンテンツが画像や動画である場合は、問題の画像や動画について詳しくご説明いただき、該当の URL で Google がその画像や動画を特定できるようにしてください。

そこら辺にある単なるベンチャー。帰宅は毎日深夜過ぎ、朝は 8 時半から朝礼あり。離職率が 70％位。他人の意見を聞かないワンマン社長。気に入らないと社長室に呼ばれて 3 時間位怒鳴られます。

記入をしたら，虚偽申告には偽証罪に問われること等に同意するチェックボックスにチェックを入れ，「署名」には戸籍上の姓名を入力し，送信ボタンを押してください。そうすると，「Google」から次のような自動返信メールが届きます。

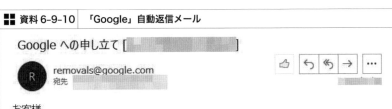

■■ 資料6-9-10 | 「Google」自動返信メール

Google への申し立て [_____]

R   removals@google.com
宛先

お客様

ご連絡をいただきありがとうございます。

お送りいただいたリクエストを受け取りました。

同様のリクエストを連日多数いただいておりますが、順番に対応を行っております。お客様のリクエストにつきましても、可能な限り迅速に対応いたします。現在、多数のリクエストが寄せられているため、Google からご返信を差し上げるのは、お客様のリクエストが有効かつ対応可能な法的申し立てであると思われる場合のみに限らせていただきます。またその際に、さらに詳細をお伺いしたり、情報のご提供をお願いすることもございます。Google の利用規約について詳しくは、http://www.google.com/accounts/TOS をご覧ください。

よろしくお願い申し上げます。

Google チーム

COVID-19（新型コロナウイルス感染症）の影響により、お客様からのリクエストへの対応に通常より時間がかかる場合がございます。ご不便をおかけして申し訳ございません。

　このメールが届いてから1～2週間位経つと、内容に関する連絡が届きます（ただし、この期間は請求した時期などによってかなり違いがあり、数か月以上待たされることもないわけではありません）。記入したものだけで内容を理解できなければ、その内容について説明してほしいという趣旨の場合もありますし、対応できないという連絡の場合もあります。

　しかし、対応できないという連絡が届いても、さらにそのメールに対して、権利侵害の状況や現実に起きている不利益などをさらに具体的に説明したり、証拠となる資料を返信することで、対応を検討してくれることもあります。そのため、対応できないという連絡が届いたからといって、その段階で諦めずに対応を依頼することも重要です。

　他の「Google」のサービスについても、原則、同じように対応できま

す。

③ オートコンプリート・関連検索キーワードを削除する

検索時に検索窓に出てくるオートコンプリート（検索候補，サジェストなどとも呼ばれます）や関連検索キーワードなどの削除をしたいというケースも多くあります。まさに，**第1章1事例7**のような状況です。

まず，オートコンプリートについては，「Google」が簡易に報告をできる仕組みを作っています。問題のオートコンプリートが表示されるキーワードを検索してみると，オートコンプリートの候補の表示がされます。

資料6-9-11　「Google」不適切なオートコンプリートの報告①

▶引用元：https://www.google.com

そして，右下に「不適切な検索候補の報告」という表示があるので，これをクリックしてください。

不適切とされる検索候補はどれですか？

☐ アルシエン 法律事務所

☐ アルシエン 清水

☐ アルシエン 高島

☐ アルシエン 武内

☐ アルシエン 河野

☐ アルシエン アクセス

☐ アルシエン 北

☐ アルシエン 採用

☐ アルシエン 竹花

☐ アルシエン 評判

上で選択した検索候補は:

○ 関連性が低い

○ 暴力や残虐行為

○ 露骨な性的表現、下品な表現、冒とく的な内容

○ 差別的

○ デリケートまたは中傷的

○ 危険または有害なコンテンツ

○ 上記以外の理由で不適切である

法的理由によりコンテンツの変更をリクエストするには、法的な問題に関するヘルプのページをご覧ください。

キャンセル　　送信

▶引用元：https://www.google.com

　クリックすると，不適切とされる検索候補がどれかを選択して，当該選択候補にどのような問題があるか質問されるので，該当するものを

チェックして送信ボタンを押してください。これで報告が完了しますが，報告に対する連絡・返信などはありません。

　そのため，より詳しく報告したいとか，関連検索キーワードについても対処したい場合は，フォームから請求をしていくことができます。具体的には，**資料6-9-12**の「法的な問題に関するヘルプのページ」がリンクになっているので，これをクリックしてください。

　そうすると，次のページが表示されます。

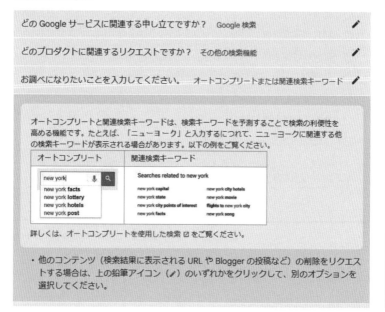

■■ 資料6-9-13　「Google」オートコンプリートの削除①

Google からコンテンツを削除する

このページでは、適用される法律に基づき Google サービスからの削除を希望するコンテンツを報告できます。すべての項目に入力していただくと、お問い合わせ内容について Google で詳しく調査することができます。

Google の利用規約やコンテンツ ポリシーに関連する法律外の案件につきましては、Google ヘルプセンター（http://support.google.com）をご覧ください。

問題のコンテンツが表示される Google サービスごとに、個別に通知を送信していただけますようお願いいたします。

| どの Google サービスに関連する申し立てですか？　Google 検索 | ✏ |

| どのプロダクトに関連するリクエストですか？　その他の検索機能 | ✏ |

| お調べになりたいことを入力してください。　オートコンプリートまたは関連検索キーワード | ✏ |

オートコンプリートと関連検索キーワードは、検索キーワードを予測することで検索の利便性を高める機能です。たとえば、「ニューヨーク」と入力するにつれて、ニューヨークに関連する他の検索キーワードが表示される場合があります。以下の例をご覧ください。

| オートコンプリート | 関連検索キーワード |

```
new york        🎤 🔍      Searches related to new york
new york facts              new york capital        new york city hotels
new york lottery            new york state          new york movie
new york hotels             new york city points of interest   flights to new york city
new york post               new york facts          new york song
```

詳しくは、オートコンプリートを使用した検索 ☑ をご覧ください。

・他のコンテンツ（検索結果に表示される URL や Blogger の投稿など）の削除をリクエストする場合は、上の鉛筆アイコン（✏）のいずれかをクリックして、別のオプションを選択してください。

お調べになりたいことを入力してください。

○ **不適切なコンテンツ**: 以下のいずれかの内容を含む検索候補: 暴力的または残虐、性的表現が露骨、表現が下品、冒とく的、特定の集団に対して差別的、特定の個人に対して不適切かつ中傷的、危険または有害

○ **裁判所命令**: 特定のコンテンツが違法であると裁判所が判断した

○ **法的な問題**: まだ記載されていない法的な問題

○ **児童の性的虐待に関するコンテンツ**: 未成年者が関与している露骨な性的行為の描写

こちらをチェック

▶引用元：https://support.google.com/legal/troubleshooter/
1114905#ts=9814647% 2C9815053% 2C3337372

　ここで「法的な問題：まだ記載されていない法的な問題」を選択すれば，「リクエストを作成」ボタンが現れ，これをクリックすれば，フォーム作成画面に移動します。

　フォームは**資料6-9-5**と似たようなものであるため，項目に従って入力をしていけばよいでしょう。ただし，スクリーンショットを添付することが求められているので，問題の状況が分かるよう**資料6-9-11**のようなスクリーンショットを撮って添付するようにしてください。

　その後の手続は，②と同様です。

④　**検索結果表示を削除する**

　検索結果にサイトが表示されないようにしたいという場合，その削除の依頼をすることもできます。なお，個々のウェブサイトの削除ができていて，検索結果についてのみ表示されているというケースについては，**第3章3（1）**を参照してください。

　削除を請求する方法は，**資料6-9-1**の「Google 検索」を選択して，フォーム入力をしていく形です。入力方法などはこれまで説明したものと概ね同様です。

⑤　**Lumen プロジェクトに注意する**

　「Google」に対する削除依頼は基本的に Lumen プロジェクトと共有されています。Lumen とは，ハーバード大学法科大学院バークマンセンターが運営する独立調査プロジェクトであり，オンラインコンテンツに

関する法的な削除リクエスト等を収集・分析し，誰がなぜ請求し，その請求がどのような効果をもたらすのかといったことを研究しています。

■■ 資料6-9-14	「Google」Lumen について

Lumen について

Google LLC は、オンライン コンテンツの管理に関する透明性とアカウンタビリティを向上させるために、特定の Google サービスからコンテンツを削除することをリクエストする法的通知を、Lumen ☑ と呼ばれる第三者のプロジェクトと共有します。Lumen は、Harvard Law School の Berkman Klein Center for Internet & Society が管理する独立した研究プロジェクトです。Google LLC などのさまざまな企業が Lumen と自発的に共有した、オンライン コンテンツの削除リクエストのコピーを保管、分析、公開しています。Lumen の目的 ☑ は、通知と削除のグローバルな「生態」、およびウェブ上のコンテンツの利用可能性に関し、一般向けに情報を公開するとともに、報道、学術、政策の観点からの研究を促進することにあります。

Lumen と共有する理由

透明性は Google のコアバリューです。Google サービス内での情報とコンテンツの利用可能性に関する透明性は、特に重視されています。Google は、オンライン コンテンツの管理における不正使用／不正行為の防止に責任をもって取り組んでいます。Google が受け取った法的な削除通知を Lumen プロジェクトと共有し、公開することは、この目的を達成するうえで重要な措置になります。インターネット ユーザー、コンテンツ所有者、研究者は、Lumen プロジェクトを通じて、Google などのインターネット プラットフォームが受け取ったコンテンツ削除リクエストの詳細を知ることができます。Lumen は、「インターネット パブリッシャー、検索エンジン、およびサービス プロバイダに対して送信された、削除のための各種の申し立てやリクエスト（正当であるか疑わしいものであるかを問わず）に関する研究を促進し、送信元や送信理由、影響の範囲など、そうした通知の『生態』を可能な限り透明にすること」を目標にしています。

▶引用元：https://support.google.com/legal/answer/12158374

Google が Lumen プロジェクトと情報を共有するのは，透明性を重視するためであるとされています。

Lumen プロジェクトと共有される情報は，削除を依頼する根拠によっても異なっていますが，検索結果において次のような表示がされている

のを見たことがある方もいるのではないかと思います。

■■ 資料 6-9-15	「Google」検索エンジンからの削除の通知

Google 宛に送られた法的要請に応じ、このページから 1 件の検索結果を除外しました。ご希望の場合は、LumenDatabase.org にてこの要請について確認できます。

▶引用元：https://www.google.com

　検索結果から削除するように依頼し削除された場合は，このような表示がされます。検索結果以外のものではこのような表示はされておらず，それほど気にする必要はないかもしれませんが，検索結果の削除の場合には，ケースによっては削除された内容も含めて Lumen プロジェクトのページに表示されることがあるので，留意しておくべきでしょう。なお，個別のサイト，たとえばブログのある特定の記事を削除した場合には，このように表示されるわけではありません。

　この中の「この要請について確認」というリンクをクリックすると，次のような Lumen プロジェクトのページが表示されます。なお，これはサンプルで，実際の通知には日本語の項目が含まれる場合や，問題とされた URL とその理由が表示される場合があります。

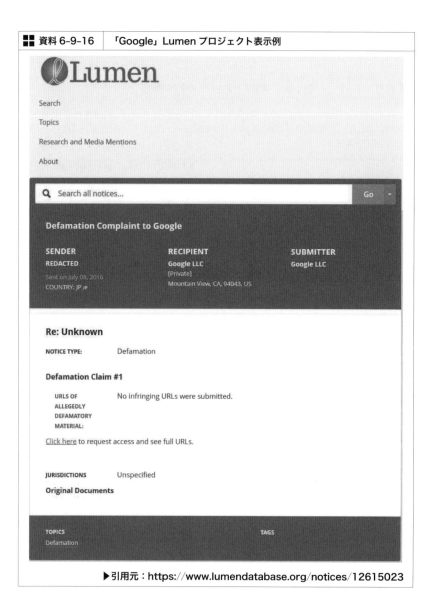

▶引用元：https://www.lumendatabase.org/notices/12615023

10 ｜ Y o u T u b e

「YouTube」は，アメリカのカリフォルニア州に本社を置く「Google LLC」が運営する動画共有サイトであり，基本的には「Google」と同じような対応が必要です。

①　申立てフォームを表示する

資料6-9-1にある「YouTube」を選択して報告していく方法もありますが，以下のように，問題と考える各動画から報告をしていくことも可能です。

まず，報告をしたい動画を表示します。そうすると，動画とタイトルの下に以下のような表示がされているかと思います。このうち，一番右側にあるメニューボタンをクリックしてください。

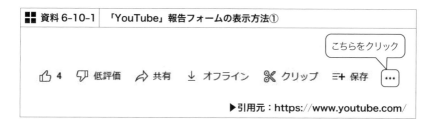

資料6-10-1　「YouTube」報告フォームの表示方法①

こちらをクリック

👍 4　👎 低評価　↱ 共有　↓ オフライン　✂ クリップ　☰+ 保存　…

▶引用元：https://www.youtube.com/

そうすると，「報告」と「文字起こしを表示」というメニューが表示されるので，「報告」をクリックします。「報告」をクリックすると，以下の報告項目が表示されます。

動画を報告

○ 性的なコンテンツ　⑦

○ 暴力的または不快なコンテンツ　⑦

○ 攻撃的な、またはヘイトスピーチを含むコンテンツ　⑦

○ 嫌がらせ、いじめ　⑦

○ 有害または危険な行為　⑦

○ 児童虐待　⑦

○ テロリズムの助長　⑦

○ スパムまたは誤解を招く内容　⑦

○ 権利の侵害　⑦

○ 字幕に関する問題　⑦

不適切として報告された動画やユーザーは YouTube のスタッフが毎日 24 時間体制で確認し、コミュニティ ガイドラインに違反していないかどうかを判断しています。コミュニティ ガイドラインの違反に対しては罰則が適用され、深刻な違反の場合や違反が繰り返された場合は、アカウントが停止されることがあります。チャンネルの報告

キャンセル　　次へ

▶引用元：https://www.youtube.com/

ここから，自分の状況に合ったものを選択して，「次へ」をクリックすれば報告していくことができますが，「権利の侵害」以外だと，次のような報告フォームが表示され，問題となる動画の時間（タイムスタンプ）がどこか，どの点が具体的に問題と考えるのかを説明する簡易的なフォームが表示されるのみです。

資料 6-10-3	「YouTube」動画を報告

動画を報告

選択したタイムスタンプ *

0:00

詳細を入力

0/500

不適切として報告された動画やユーザーは YouTube のスタッフが毎日 24 時間体制で確認し，コミュニティ ガイドラインに違反していないかどうかを判断しています。コミュニティ ガイドラインの違反に対しては罰則が適用され，深刻な違反の場合や違反が繰り返された場合は，アカウントが停止されることがあります。チャンネルの報告

キャンセル　　　報告

▶引用元：https://www.youtube.com/

他方,「権利の侵害」を選択すると, さらに次の選択肢が表示されます。

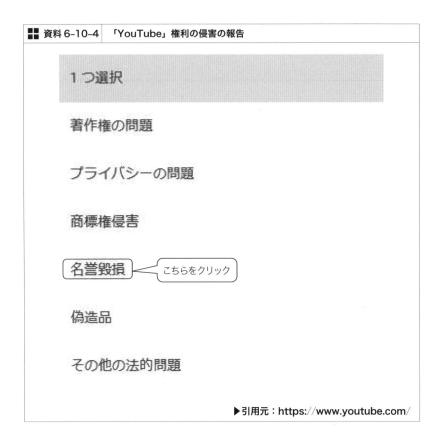

| 資料 6-10-4 | 「YouTube」権利の侵害の報告 |

▶引用元：https://www.youtube.com/

　いずれかを選択すると, それぞれの法律に関するポリシーを説明するページが表示され, その中には報告フォームのリンクがありますが, 以下では「名誉毀損」を選択した場合を例に説明します。

②　名誉毀損の申立てをする

　「名誉毀損」を選ぶと, 以下のようなポリシーを表示したページが表示されます。

名誉毀損

名誉毀損に関する法律は国によって異なりますが、他の人物や会社の評判を傷つけるようなコンテンツは通常これに該当します。**名誉毀損**の定義は世界中で異なりますが、一般的には、他者の評判を傷つけたり、他者の孤立や疎外を招いたりする事実とは異なる言動のことです。

YouTube では名誉毀損を理由とするブロックの手続きをする際に、その地域の法律的な側面も考慮します。場合によっては、裁判所命令を要求することもあります。名誉毀損を理由とするブロックのリクエストの手続きを進めるには、申し立てに具体性と確固とした根拠が必要です。たとえば、その言動がなぜ事実ではないと考えるのか、その言動によってどのように自分の評判が傷つくのかを説明する必要があります。

場合によっては、アップロードしたユーザーが有害なコンテンツの削除を快諾することもあります。裁判所命令を取得するにはコストと時間がかかる可能性があるため、YouTube では問題のコンテンツをアップロードしたユーザーに直接連絡することをおすすめしています。

アップロードしたユーザーと連絡が取れない場合は、その動画がYouTube のプライバシー ポリシーや嫌がらせ行為に関するポリシーに基づいて削除される対象となるかどうか検討してみてください。

アップロードしたユーザーに連絡を試みたけれども、プライバシー侵害や嫌がらせに対する申し立てよりも名誉毀損の申し立ての方が適切であると思われる場合は、以下のプルダウンから該当する国を選び、手順に沿って操作してください。

日本 ▾

こちらをクリック

こちらの フォーム を送信してください。

該当する国が上のプルダウンに見つからない場合 ﹀

▶引用元：https://support.google.com/youtube/answer/6154230

このうち「フォーム」という部分がリンクになっているので、これを
クリックすると報告フォームが表示されます。

■■ 資料 6-10-6 　「YouTube」名誉毀損報告フォーム①

名誉毀損

YouTube が法的な申し立てと見なすのは、問題の当事者またはその法定代理人から通知された場合に限ります。

動画に自分の画像、名前、マイナンバーなどの個人情報が同意なく含まれている場合は、プライバシー侵害の申し立て手続きから YouTube にご連絡ください。

＊ 必須項目

申し立てを行う国 ＊ 　　　　　　日本を選択

｜ 1つ選択してください　　　　　　▼ ｜

■ 送信

▶ 引用元：https：//support.google.com/youtube/contact/defamation_
complaint

まず、申し立てを行う国を選択する必要があるので、プルダウンから
「日本」を選択してください。選択すると、以下のようなフォームが追加
表示されます。

■■ 資料 6-10-7 　「YouTube」名誉毀損報告フォーム②

氏名 ＊

（ペンネーム、ユーザー名、イニシャルはいずれも不可）

依頼人: ＊

◯ 本人

◯ クライアント

名誉毀損として申し立てるコンテンツの動画 URL *

名誉毀損の申し立てを行うには、申し立ての対象となる箇所を明確に特定する必要があります。
どのような情報から誹謗中傷の対象を特定しましたか。 *

（該当するものをすべてお選びください）。

- ☐ 自分の氏名
- ☐ 自分の画像
- ☐ 自分の声
- ☐ 自分のビジネス名
- ☐ その他

報告する文言の数をお選びください。 *

1つ選択してください ▼

誓約

次の内容に同意します。 *

- ☐ この通知に記載されている情報に偽りや不足がないことを誓います。

このボックスに氏名を入力するとデジタル署名として機能します *

YouTube に法的な申し立てを提出すると、YouTube が法的な申し立てを Lumen プロジェクトに送信することに同意したことになります。Lumen プロジェクトでは、個人の連絡先情報（電話番号、メールアドレス、住所）は申し立ての通知を公表する前にすべて編集されます。また、YouTube は当該異議申し立てへのリンクを公開することがあります。Lumen の通知の例は、こちらでご覧いただけます。

送信

▶ 引用元：https://support.google.com/youtube/contact/defamation_
　　　complaint

基本的に，フォームに沿って入力していけばよいですが，「報告する文言の数をお選びください」については，１～５までを選択することができ，選択をすると問題とする文言が何かを明らかにするとともに，それがどこに表示されているのか，なぜ名誉毀損といえるのかを説明するフォームが追加で表示されます。

■■ 資料6-10-8　　「YouTube」名誉毀損報告フォーム③

動画またはメタデータ内の名誉毀損に該当する文言を正確に入力してください。「動画全体」などの文言は無効です。 *

場所 *
(該当するものをすべてお選びください)。

☐ 動画内

☐ 動画のタイトル

☐ 動画の説明欄

☐ チャンネルのタイトル、プロフィール、または概要セクション

☐ その他

この文言がお住まいの国で名誉棄損に該当する理由をご記入ください。

▶引用元：https://support.google.com/youtube/contact/defamation_
　　　　　complaint

　選択した報告する文言の数だけ個別に入力する必要があるため，その点注意をしてください。「名誉毀損に該当する文言」を入力したら，「この文言がお住まいの国で名誉棄損に該当する理由をご記入ください。」に入力する必要があります。ここでは，自分の権利をどのように侵害しているのかを説明する必要がありますが，その際，どの法律（たとえば，

刑法230条1項（名誉毀損罪）など）になぜ抵触しているといえるかという点まで明記すると，対応してもらえる可能性が高まります。

　フォームにすべて入力したら，「送信」ボタンを押します。

11 | し た ら ば 掲 示 板

　「したらば掲示板」は，株式会社したらばが提供する無料レンタル掲示板です。

　「したらば掲示板」は，いわゆるレンタル掲示板であり，メールアドレスさえあれば，誰でも簡単に，無料で自分のネット掲示板を作ることができるサービスです。サービスを運営しているのは株式会社したらばですが，各掲示板の管理（掲示板上のトラブル対応や削除依頼などへの対応等）は，掲示板の管理者の判断と責任で行う建前となっています。そのため，まずは掲示板の管理者への削除依頼を考えます。

① 掲示板の管理者に削除依頼をする

　掲示板の管理者に連絡するためには，まずは問題とお考えのスレッドか掲示板のトップ画面の左下に「掲示板管理者へ連絡」というリンクがあるので，そちらをクリックします。

資料6-11-1 「したらば掲示板」掲示板管理者への連絡①

▶引用元：https://jbbs.shitaraba.net/

　そうすると，次のような問い合わせフォームが表示されます。

資料6-11-2	「したらば掲示板」掲示板管理者への連絡フォーム

掲示板URL　　　　　　　https://jbbs.shitaraba.net/sport━━━━

お名前/ニックネーム　**必須**　[お名前/ニックネーム]

メールアドレス　**必須**　[メールアドレス]
このメールアドレスに質問の回答が送られます。ごさかいただいたメールアドレスは掲示板管理番号へ表示されます。

メールアドレス再入力　**必須**　[メールアドレス再入力]
確認のため、もう一度入力してください。

質問の種類　**必須**　○ 質問
　　　　　　　　　　　○ 要望
　　　　　　　　　　　○ 削除依頼
　　　　　　　　　　　○ 削除依頼 再送(管理日数超過)
　　　　　　　　　　　○ ログ保存依頼
　　　　　　　　　　　○ その他

質問内容の記入　**必須**　[   ]

質問内容をご記入ください。現在発生している不都合に関するご質問は承ります。したらば掲示板 利用日誌 をご覧ください。ガイドラインはこちらをご確認ください。

[入力内容の確認]

▶引用元：https://jbbs.shitaraba.net/

　「掲示板 URL」については，「掲示板管理者へ連絡」ボタンから入ると自動で入力されています。基本事項を入力し，「質問の種類」を選択した上で，「質問内容の記入」に入力してください。入力するべき内容は，問題と考えるスレッドの URL，レス番号のほか，なぜそれが自分の権利を侵害しているといえるかの説明です。基本的な書き方は，4(2)「みみずん検索」の場合と同様です。

　その上で，「入力内容の確認」ボタンを押して送信します。

　管理者がしっかりと管理している掲示板であれば，この連絡で削除の対応をしてくれる場合もあります。しかしこのフォームは，管理者からの返信や対応を保証するものではありません。

　そこで，掲示板の管理者への削除依頼から 7 日間程度が経過した時点で削除や連絡がなされない場合は，したらば社に直接対応を依頼しましょう。

②　したらば社に削除依頼をする

　この場合もフォームが用意されています。このフォームは，**資料6-11-2**の上の部分に次のような記載があります。

▉▉ 資料 6-11-3　「したらば掲示板」したらばに関するお問合せ表示画面

▶引用元：http://rentalbbs.shitaraba.com

　この「したらば掲示板のお問い合わせ」の部分をクリックすると，「お問い合わせに関する注意事項」というページが表示されます。ここには，削除依頼は掲示板管理者への依頼をすることと，運営事務局は原則として削除をしない旨が書かれていますが，対応してもらえない場合なので，手続を進めましょう。

　ただ，「上記に同意してお問い合わせ」をクリックしても，そこで問い合わせることができる内容は，エラー障害や広告等についてに限られるので，削除等の対応は，「各種手続きのフォーム」のリンクをクリックして進めてください。

▉▉ 資料 6-11-4　「したらば掲示板」お問い合わせに関する注意事項

お問い合わせに関する注意事項

お問い合わせの前に下記の参照をお願いします。

しらば掲示板ヘルプ

削除依頼に関して

- 削除依頼に関してましては掲示板管理者への依頼をお願いしております。
- 運営事務局は原則として削除を行いません。
- 弁護士・法務関連、捜査関係のお問い合わせは各種手続きのフォームに必要情報を入力しご依頼ください。

こちらをクリック

注意事項

- ご記入いただいた個人情報は、お問い合わせへの回答、情報提供のために使用させていただきます。
- 個人情報を正しくご記入いただけない場合やお問い合わせ内容によっては、回答できない場合がございます。
- お問い合わせ内容によっては、回答にお時間をいただく場合がございます。
- お問い合わせについて、同内容の連続した問い合わせはお控え下さい。
  また、そのような行為を行った場合は、今後のご依頼にはお答えしかねる場合がございます。
- 上記の各請求をご送付いただいた場合であってもご要望に添いかねることがあります。

上記注意事項および利用規約に同意されましたらフォームよりお問い合わせください。

※必ず、「info@shitaraba.com」ドメイン指定受信を設定願います。

上記に同意してお問い合わせ

▶引用元：https://rentalbbs.shitaraba.com/rule/form.html

これをクリックすると，「プロバイダ責任制限法に関する申告」というページが表示され，プロバイダ責任制限法に関する申告の流れの説明と，あくまでも仲介をすることができるだけであることが説明されています。

| 資料 6-11-5 | 「したらば掲示板」プロバイダ責任制限法に関する申告 |

プロバイダ責任制限法に関する申告

STEP 1 ご依頼内容の入力 ＞ STEP 2 メール確認 ＞ STEP 3 必要書類の提出 ・・・ 約2週間 STEP 4 精査

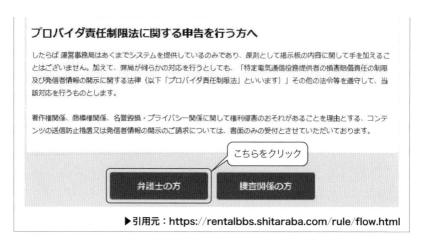

　弁護士や捜査関係の方しか使えないかのようなボタンが表示されていますが，そうでない方もこちらのフォームから依頼をしていくことは可能です。そこで，「弁護士の方」のボタンをクリックしましょう。そうすると，以下のフォームが表示されます。

資料6-11-6　「したらば掲示板」送信防止・開示請求フォーム

お名前	必須	お名前を記入してください
メールアドレス	必須	メールアドレスを記入してください
		もう一度メールアドレスを記入してください
内容	必須	

送信する

▶引用元：https://rentalbbs.shitaraba.com/rule/form-submit03.html

　削除（送信防止）なのか，開示なのか，またはその両方なのか，請求したい項目を選択した上で，フォームに必要事項を記入していきます。「事務所名/屋号」については，法律事務所名を記載できないため，「お名前」と重複してしまいますが，ご自身の氏名を記載しておけばよいでしょう。

　「内容」には①で掲示板の管理者に送っているのと同じ内容を記載して，「送信する」ボタンを押してください。

　送信ボタンを押すと，内容を確認して，担当者から追って回答する旨の連絡があるため，その連絡を待ち，必要書類等を求められた場合には担当者の指示に従って対応してください。

12 | 雑 談 た ぬ き
（および「2ch2.net」ドメイン配下のサイト）

「雑談たぬき」は，「２ちゃんねる」によく似た無料レンタル掲示板です。

「雑談たぬき」には，削除依頼窓口があるので，こちらから削除を請求していきます。

① 削除依頼窓口を表示する

削除依頼窓口を表示するためには，まず，トップページの上部にある「ルール」の部分をクリックしてください。

資料 6-12-1 「雑談たぬき」トップページ

▶引用元：https://b.2ch2.net/zatsudan/i/

そうすると，「雑談たぬき　掲示板利用のルール」というページが表示されます。このページの一番下までいくと，「連絡」という項目があり，「お問合わせフォーム」の部分がリンクになっているので，これをクリックします。

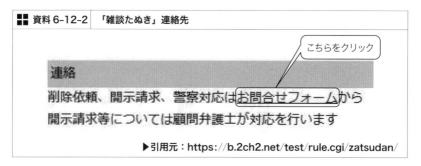

資料 6-12-2 「雑談たぬき」連絡先

▶引用元：https://b.2ch2.net/test/rule.cgi/zatsudan/

そうすると，次の「2ch2.net お問合せ窓口」というページが表示されます。

| 資料 6-12-3 | 「雑談たぬき」お問合せ窓口 |

❓ 2ch2.net お問合せ窓口

▶ 対応サイト

・2ch2.netドメイン配下の各掲示板

・主な掲示板：雑談たぬき、 v系たぬき、 V系ヲタヌ

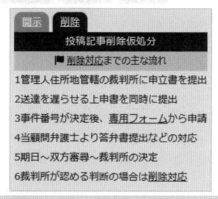

削除

投稿記事削除仮処分

🚩 削除対応までの主な流れ

1 管理人住所地管轄の裁判所に申立書を提出

2 送達を遅らせる上申書を同時に提出

3 事件番号が決定後、専用フォームから申請

4 当顧問弁護士より答弁書提出などの対応

5 期日～双方審尋～裁判所の決定

6 裁判所が認める判断の場合は削除対応

▶ 発信者情報開示請求

・裁判所の決定に基づき対応しています。

・事件番号を取得後、必要事項をご入力ください。

・顧問弁護士が対応を行います。

▶ 警察対応

・捜査機関からの要請は全て対応しています。

・顧問弁護士と相談の上、速やかに捜査協力を行います。

▶ 送付先の問い合わせ

・必要書類の送付先がご不明な場合はお問合せください。

・お問合せは弁護士、または捜査関係者に限定してます。

▶ 削除依頼/一般 ─ こちらをクリック

・通常の削除依頼はこちらから

- 基本的に個別回答は行いません
- スレ内の通報窓口からも削除依頼できます

▶引用元：https://contact.2ch2.net/

冒頭に「対応サイト」として「2ch2.net ドメイン配下の各掲示板」である「雑談たぬき」，「v 系たぬき」，「V 系ヲタヌ」が掲げられており，「雑談たぬき」以外についても同じ対応をしてもらうことができることが分かります。

そして，「開示」と「削除」について，それぞれ仮処分決定がある場合のフォームが準備されているため，決定を保有していればこちらの「専用フォーム」から依頼をしていくことになります。他方で，決定を保有していない場合には，下部にある「削除依頼/一般」の部分をクリックして，通常の削除依頼のフォームを表示してください。

②削除依頼フォームに入力

削除依頼フォームは以下のとおりです。

■■ 資料 6-12-4	「雑談たぬき」削除依頼フォーム①

- 通常の削除依頼はこちらから
- 基本的に個別回答は行いません
- スレ内の通報窓口からも削除依頼できます

❶ 赤い背景の項目は必須項目です。

メール	メール
	※メールの受信確認を行います
種別	荒らし ▼

URL		URL	投稿番号
	1:	URL	
	2:	URL	
	3:	URL	

※投稿毎に入力してください。
※複数は半角カンマ区切りでレス番指定（例：1,2,3）

削除理由　削除理由を簡潔にご説明ください。

私はロボットではありません
reCAPTCHA
プライバシー - 利用規約

＞確認

▶引用元：https://contact.2ch2.net/?mode=contact

「メール」には連絡が取れるメールアドレスを記入した上で，「種別」をまず選ぶ必要があります。種別は以下の各項目から選択することができますが，誹謗中傷を受けているということであれば，「違法な情報」か「その他」，あるいは「実名・住所等の晒し」を選択すればよいでしょう。

資料 6-12-5　「雑談たぬき」削除依頼フォーム②

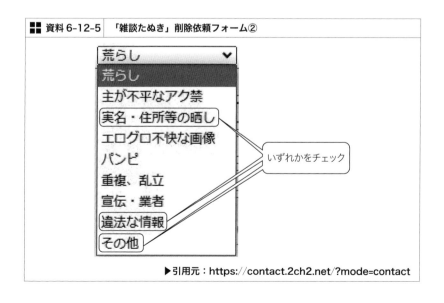

荒らし
荒らし
主が不平なアク禁
実名・住所等の晒し
エログロ不快な画像
パンピ
重複、乱立
宣伝・業者
違法な情報
その他

いずれかをチェック

▶引用元：https://contact.2ch2.net/?mode=contact

その上で，URL と投稿番号を半角数字で入力します。投稿番号は1つのURL の中であれば，半角カンマで区切ることで複数指定することができます。URL が多数である場合は，「＋」のところをクリックすれば，列を増やすことが可能です。そして，「削除理由」を入力して，ロボットではない旨のチェックを入れて確認ボタンを押します。

　そうすると，以下のように，送信してよいかどうかの確認画面が表示されることから，「送信する」ボタンを押して削除依頼をしてください。

■■ 資料6-12-6　「雑談たぬき」削除依頼フォーム③

確認

送信します。
よろしいですか？

こちらをクリック

送信する　キャンセル

▶引用元：https://contact.2ch2.net/?mode=contact

13 | e戸建て, マンションコミュニティ

「e戸建て」は、日本最大の注文住宅・建売住宅に関するクチコミ掲示板、「マンションコミュニティ」は、日本最大の新築マンションのクチコミ掲示板をそれぞれ掲げているサイトで、いずれもミクル株式会社が運営しています。

掲示板のコンセプト通り、不動産関連の書込みがほとんどで、同業他社からの誹謗中傷などが書き込まれることがあるほか、同一マンション内の特定の人物に対する中傷などがされたということで相談を受けることが多い印象です。

① 削除依頼フォームを表示する

書込みの削除依頼については、フォームが用意されています。削除依頼フォームを表示させるには、各書込みの右側にあるメニューボタン(…の部分)をクリックすると「削除依頼」という表示がされるため、それをクリックします。

⊞ 資料6-13-1 「e戸建て」「マンションコミュニティ」の各投稿

978: 買い替え検討中さん　[2022-05-09 11:45:41]
[スレッドの趣旨に反する投稿のため、削除しました。管理担当]

こちらをクリック　…

🖐参考になる!　投稿する

▶引用元：https://www.e-kodate.com/, https://www.e-mansion.co.jp/

そうすると、題名とURLが記載された削除依頼フォームが現れます。

資料6-13-2　「e戸建て」,「マンションコミュニティ」削除依頼フォーム

題名：

URL：

お名前：

理由：　選択してください

お立場：　選択してください

削除依頼の内容を確認

▶引用元：https://www.e-kodate.com/, https://www.e-mansion.co.jp/

②　削除依頼フォームに入力する

　「お名前」には，自分の氏名，社名等を入力してください。「理由」は，選択できるようになっているので，適切なものを選択してください。複数に該当する場合には，自分が一番主張したい理由を選択した上で，詳細を下の欄に記載すればよいです。「お立場」については，適宜自分に合致するものを選択してください。

　その下の欄には，問題と考えるレスの番号と，その理由を記載します。これらの掲示板ではスレッド全体の削除を受け付けていないので，レスの番号の記載は必須です。そして，なぜそのレスが自分に関することであるといえるのか，自分のどのような権利を侵害しているのか，なぜそういえるのか，といったことを丁寧に説明しましょう。

　これらの記載例は，次の通りです。

■■ 資料6-13-3	「e戸建て」,「マンションコミュニティ」削除依頼フォーム記載例

お名前：	中野穣司
理由：	名誉毀損
お立場：	通りすがり

私はこのスレッドのタイトルのマンションの304号室に居住する者です。

私がマンション内で騒音を立てる，ペット禁止にもかかわらずペットを隠れて飼う，といった迷惑行為を行っていると書かれています。しかし，私はペットを飼っていませんし，そもそも現在，仕事でアメリカに赴任しており，マンションに帰るのは月に1度位で，迷惑行為をすることなどできません。

そのため書込みは，私に対して嫌がらせのために行われていると思われます。私が迷惑行為をしているといった虚偽の記載は，私の社会的評価を低下させるので，削除を行ってくださいますようお願いいたします。

　入力が終われば，「削除依頼の内容を確認」ボタンを押し，間違いがないかを確認した上で，「利用規約に同意し削除依頼」ボタンをクリックすればよいです。おおむね7〜10日程度で結果は判明します。

　なお，各ページの下部には会社概要のリンクが設置してあり，この先には「お問合せ連絡先」として「お問い合わせフォーム」のリンクがあります。しかし，このフォームからの削除依頼では対応しないと明示されているので注意してください。

14 | 爆サイ.com

　「爆サイ.com」は，地域に特化した日本最大級のローカルコミュニティサイトを掲げる掲示板を提供するサイトです。このサイトも，削除フォームが用意されていて，削除依頼をすれば，早ければ72時間以内で削除をしてくれます。

①　削除依頼フォームを表示する

　削除依頼をするには，まずは各スレッドの一番下に「削除依頼」というリンクがあるので，自分が問題だと思う書込みがあるスレッドを表示した上で，一番下までページをスクロールしてください。

■■ 資料 6-14-1　「爆サイ.com」削除依頼フォームの表示方法①

▶引用元：https://bakusai.com/

　「削除依頼」をクリックすると，「削除依頼フォーム」というページが表示されるのですが，まずはログインをするように促されます。

■■ 資料 6-14-2　「爆サイ.com」削除依頼フォームの表示方法②

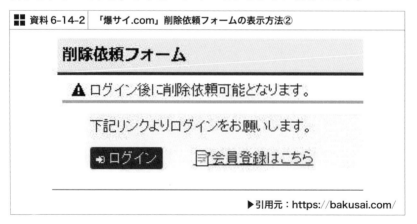

▶引用元：https://bakusai.com/

会員登録済みであれば「ログイン」ボタンからログインをすればよい
ですが，会員登録がなければ，「会員登録はこちら」のリンクから会員登
録を行ってください。「会員登録はこちら」のリンクをクリックすると，
以下のような表示とともに，会員であれば使える機能が何かという説明
が表示されます。無料で使える機能ばかりなので，登録しておいても不
利益はないでしょう。

| ■■ 資料 6-14-3 | 「爆サイ.com」会員登録① |

▶引用元：https://bakusai.com/entry/

「会員登録はこちら」のボタンから，新しいアカウントを作成してい
くことになりますが，以下のように，「お名前」，「メールアドレス」，「パ
スワード」の入力が必要になります。名前は実名登録をする必要はあり
ません。

新しいアカウントを作成

STEP.1
ご入力

STEP.2
ご確認

STEP.3
完了

お名前

お名前は必須項目です。

メールアドレス

パスワード

パスワード(確認用)

新しいアカウントを作成

▶引用元：https://zauth.net/register

　入力をして「新しいアカウントを作成」ボタンを押すと，入力したメールに，メールアドレスの確認メールが届くので，そのリンクをクリックすると登録完了となります。登録完了後，またはログイン後は，**資料6-14-1**の「削除依頼」ボタンを押せば，次のような削除依頼フォームが表示されます。

| 資料6-14-5 | 「爆サイ.com」削除依頼フォーム |

掲示板タイトル	▓▓▓▓▓
スレッドNo.	必須 NO.▓▓▓▓
スレッドタイトル	必須 ▓▓▓▓▓▓▓▓▓
レス番号	必須 # レスNoを入力 半角数字で入力して下さい。⑦
通報区分	必須 ○ 個人情報の記載 ○ 業者からの宣伝 ○ 連続投稿 ○ カテゴリー違い ◉ その他
お名前	任意 お名前を入力して下さい
メールアドレス	必須 ※必ず「noreply@bakusai.com」からのメールを受信できる様にドメイン指定受信設定をして置いて下さい。
削除依頼理由	必須 750文字まで：残り750文字 ⊞ 記入スペースを拡大
	削除依頼理由を入力してください

以下の内容を確認し、同意する場合はチェックを付けて下さい。 必須

削除要請は、弁護士以外の者が行うと弁護士法第72条で禁止している(非弁護士の法律事務の取扱い等の禁止)または、第27条(非弁護士との提携の禁止)に該当する可能性があります。
安直かつ過剰な削除は、表現の自由を侵害する可能性や、違法性・有害情報の判断に於いても、裁判所の司法権を侵すことも懸念される為、慎重に行っております。
削除要請は当事者、または弁護士にご依頼下さい。

☑ 内容を確認し同意する

▶引用元：https://bakusai.com/

② 削除依頼フォームに入力する

　まず，「掲示板タイトル」，「スレッドNo.」，「スレッドタイトル」，「メールアドレス」については，自動入力されています。

　そこで，「レス番号」以下から入力をしていけばよく，問題と考えるレス番号（なお，半角数字で入力する必要があります）を入力していきます。ただし，「爆サイ.com」では1回の依頼で1つしか入力できないので，複数のレスを削除したい場合，複数回の削除依頼をする必要があります。なお，「0」を入力すれば，スレッド自体の削除を依頼できますが，スレッドの削除まではなかなかしてくれません。

　「通報区分」，「お名前」は，適宜入力してください。そして，「削除依頼理由」については，全角750文字以内で，事情を知らない第三者が読んでも内容を把握できるように丁寧に記載してください。

これらの記載例は，次の通りです。

資料6-14-6	「爆サイ.com」削除依頼フォーム記載例
掲示板タイトル	不倫，W不倫
スレッドNo	No. 1234567
スレッドタイトル	【社内不倫】東都ほがらか銀行【やめようよ】
レス番号	# 3
通報区分	●個人情報の記載　○業者からの宣伝　○連続投稿 ○カテゴリー違い　○その他
お名前	山崎佑三
返信用メールアドレス	yu-zoo@mail-service.com
削除依頼理由	「不倫相手とのお出かけは愛車のベンツ　城西300あ1234　目撃情報多数」と書き込まれていますが，私の勤務先である東都ほがらか銀行がスレッドタイトルにつけられており，私の乗っている自動車のナンバーまで書き込まれています。これにより，書かれているのが私のことだとわかる状態です。 　そもそも私は不倫をしておらず，嫌がらせを受けています。私を特定できる状態の書込みがされ，自動車のナンバーや，私が不倫をしているといった真実ではない記載は，私のプライバシーを侵害するとともに，社会的評価を低下させます。 　そのため，こちらを削除してくださいますようお願いいたします。

　入力が完了したら，「内容を確認し同意する」にチェックし，「削除依頼を送信」ボタンを押します。

　削除依頼は72時間以内に処理されるという扱いになっており，同じ対象について72時間以内に再度削除依頼をすることはできません。72時間が経過しても対応されない場合には，理由が不足しているということになるため，さらに理由を追記して，改めて対応を求めるとよいでしょう。

15 | まち BBS

「まち BBS」は，地域情報系掲示板を掲げており，地域ごとに区分けされた書込みがされています。地域ごとという点では「爆サイ.com」に似ていますが，書込みは「爆サイ.com」の方が多くなっているようです。

「まち BBS」では，削除依頼については「まち BBS 会議室」という板が立ち上げられているので，そちらに立てられているスレッドから削除依頼を行います。

① 削除依頼板を表示する

トップページの「まち BBS 会議室」をクリックすると，「まち BBS 会議室」のページに移ります。

資料 6-15-1 「まち BBS」トップページ

▶引用元：https://machi.to/

この中には，「～削除依頼はこちらから～」という表示があるので，そちらをクリックします。

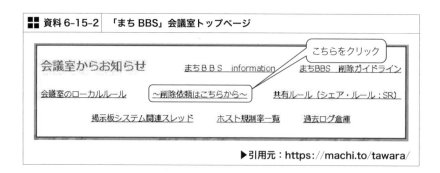

資料 6-15-2 「まち BBS」会議室トップページ

▶引用元：https://machi.to/tawara/

　そうすると，「～削除依頼はこちらから～」というスレッドが表示され，そこには地域ごとに分かれた削除依頼スレッドの一覧が表示されています。

資料 6-15-3 「まち BBS」削除依頼スレッド一覧

▶引用元：https://machi.to/bbs/read.cgi/tawara/1269441710/

　そのため，削除したい対象が投稿されている地域の削除依頼スレッド
を探して，クリックしてください。削除したいと考えるスレッドがどの
地域に該当するものなのかは，そのスレッドの一番左上にある「掲示板
に戻る」をクリックすると，各地域のトップに行くことができるので，
そこで確認できます。

　ただ，ここに掲載されているスレッドは最新の削除依頼スレッドでは
ないことがあるため，選択したスレッドですぐに削除依頼ができるかと
いうと，必ずしもそういうわけではありません。そのため，まずは当該
スレッドの一番下までスクロールをして，次のスレッドがないかを確認
してください。通常は，「次スレはこちらです」などと案内されているこ
とが多いです。他方で，次のスレッドが案内されていないのに，書込み
上限である1000件に達している場合もあります。この場合は，トップ
ページに表示されているものが現在進んでいるスレッドになるため，目
視で該当する削除依頼スレッドを探してみてください。

② 削除依頼フォームに入力する

　適切な削除依頼スレッドを見つけた場合，各削除依頼スレッドの一番下には，次のようなフォームが用意されています。

▓▓ 資料6-15-4 「まちBBS」削除依頼フォーム

書き込む	名前： [　　　　　　　]	E-mail(省略可)： [　　　　　　　]

[　　　　　　　　　　　　　　　　　　　　　　　　　　　　]

▶引用元：http://www.machi.to/

　「名前」と「E-mail（省略可）」を入力した上で，下の入力欄には次の事項を入力してください。

- ・削除を依頼したいスレッド名
- ・スレッドの URL
- ・レス番号
- ・削除したい理由

　これらを入力したら，「書き込む」ボタンを押して削除依頼をしてください。早ければ数日程度で対応の可否が判明します。

　ただ，これはあくまでスレッドへ「書き込む」という形を取った削除依頼なので，書込みの内容は公開されます。あまり詳細な理由を書くと，公表したくない情報を公表してしまう危険があります。そのため，「まちBBS会議室」の中にある「まちBBS削除ガイドライン」を活用しながら他の削除依頼の内容も参照するなどして，削除依頼を行ってください。

　削除ガイドラインは，**資料6-15-2**にリンクが表示されています。

削除ガイドライン   top ▲ ▼

まちBBSでは、掲示板の正常な運用を妨げる投稿や
他人に迷惑のかかる可能性の高い投稿は、管理人達の判断によって削除されることがあります。
例えば、以下のようなものが削除に該当します。

1. 個人情報
　個人情報は基本的に全て削除です。特に住所・電話番号については、あらゆる例外を認め
　ません。
　（本人による書き込みかどうかも問いません）
　また板の性質上、伏字や遠まわしな表現でも個人が特定されやすいので
　これについても削除する場合があります。
　きわめて悪質であると認められる場合は、関係機関に通報させていただくこともありま
　す。
　ただし公人と世間的に認められている人の場合、削除されない場合もあります。

2. 誹謗中傷
　特定個人、団体、地域等への誹謗中傷でしかない発言は削除します。
　これは掲示板における固定ハンドル叩き、及び地域の優劣をつける主旨の発言も
　含めて削除対象となり得ます。
　店舗情報等は情報として提供されたものについては削除しませんが、
　同じく誹謗中傷のみが目的ととれるものは削除する場合があります。

3. 連続投稿
　同一内容、及びそれに準ずる内容のスレッド、書き込みを
　連続で投稿した場合、削除します。
　（なおスレッドを立てる際、同じような内容のものがないか
　　過去ログを検索されることをお勧めします）

4. コピー＆ペースト
　テンプレートの文章を使ったとわかる発言は、まったく変更がなされていない
　あるいは他人に不快感を与えるといったものは削除します。
　アスキーアートに関してもスレッドの流れと違う・不必要に長い・下品なものなどは削除
　します。
　また、同一の内容を複数行に渡って書いた発言も削除です。

5. 差別発言
　差別的意図を持った発言は削除します。
　特に、地域名はその真偽を問わず即刻、削除します。

6. 問題のあるリンク
　ブラウザークラッシャー・死体・エログロ・及び荒らし依頼などを目的とした
　URLのリンクを含む発言は、削除します。
　また、迷惑をかけることを目的としていると思われるメールアドレスも削除します。
　また、スレッドの流れと関係のないものも削除する場合があります。

7. 板と趣旨が違うスレッド・発言
　地域情報に関係のないスレッドは悪意・善意に関係なく削除します。
　他人を不愉快にさせることを主目的としたスレッドなども削除対象となり得ます。
　地方違いのスレッドは原則的には誘導ですが、しつこく上がるようなら削除となります。
　その他、板の趣旨とかけはなれたスレッドや書きこみ、あまりにも露骨な性的表現など
　下品すぎる文章の類いも、管理人の判断で削除する場合があります。

8. 宣伝・広告
　宣伝・広告のためだけに立てられたスレッドは削除します。
　スレッドのなかでも利用者の情報交換の妨げになるような、
　過度な広告目的の発言は削除します。

9. 違法行為の予告および教唆
　違法行為の予告もしくは教唆が行われているレスは原則として削除します。
　これについては警察から要請により削除を見合わせる場合があります。

▶引用元：http://www.machi.to/saku.htm

記載例は，次の通りです。

資料 6-15-6	「まち BBS」削除依頼フォーム記載例

名前：	ななしさん	E-mail（省略可）：	

【スレッドタイトル】
公務員の性犯罪を追及しつづけるスレ
【スレッド URL】
http://tanbara.machi.to/bbs/read.cgi/tanbara/1234567890/
【削除対象】
3, 12, 22
【削除理由】
GL1, GL2

　資料6-15-6の中の「GL」というのは，ガイドラインの略です。「GL1」であれば，資料6-15-5の削除ガイドライン1「個人情報」を理由に削除依頼をしている，ということになります。

16 ホストラブ

「ホストラブ」は，そのサイト名の通り，ホスト，風俗をはじめとした水商売に関する話題に特化した掲示板で，地域ごとに区分けされた書込みがされています。

このサイトの性質上，他人の性的な話題に踏み込むことも多く，不快な思いをしている人は少なからずいるようです。しかし，源氏名での活動をしていたり，ごく限られたコミュニティでしか通じない話題を展開していたり，主語を書かずに投稿している例も多かったりするため，誰のことを話題にしているのかの判別が難しいという特徴もあります。また，性的な話題をされて不快に思っても，そもそも性を商品として扱っているホストクラブや風俗店などに関する掲示板であるため，それ自体が権利侵害に当たるわけではないことも多いです。そのため，「ホストラブ」への対応は，以上のことに注意しながら行う必要があります。

① 削除依頼フォームを表示する

「ホストラブ」には，削除依頼のフォームが用意されています。まず，トップページから地域を選択することができるため，問題と考える書込みが存在している地域をクリックしてください。そうすると，サイト下部に次のような表示があります。なお，以下，「ホストラブ関東版」を例に説明しますが，その他の地域のものも同様です。

| 資料6-16-1 | 「ホストラブ」削除依頼のリンク |

▶引用元：https://kanto.hostlove.com/

「削除依頼」というリンクがあるので，これをクリックしてください。そうすると，「削除依頼ガイド」というページが表示されます。そして，その下の方に「ご利用ガイド」という表示があるので，4番目の「削除依頼フォーム」をクリックしてください。

資料6-16-2　「ホストラブ」ご利用ガイド

▶引用元：https://kanto.hostlove.com/agree/delete/guid

②　削除依頼フォームに入力する

削除依頼フォームが表示されたら，それぞれ入力をしていきます。

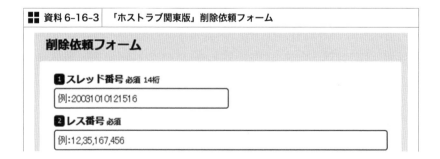

資料6-16-3　「ホストラブ関東版」削除依頼フォーム

　「スレッド番号」というのは，各スレッドを指す URL のうち，末尾の 14 桁 の 数字 です。たとえば，「https://kanto.hostlove.com/tv/ 20050302123456」という URL の場合，最後の「20050302123456」が該当します。こちらを「スレッド番号」のところに入力します。

　次に，「レス番号」ですが，これは何番目のレスなのかを半角数字で入力してください。複数ある場合には，半角のカンマで区切ればよいです。レス番号が明記されていないと削除はしてもらえません。

　「削除理由」については，500文字以内で，権利侵害があることを説明する必要があります。しかし，「ホストラブ」では削除依頼をしたレス番号と理由が，先ほどの「ご利用ガイド」の 6 番目の「削除依頼履歴」で公開される仕組みになっています。

削除依頼履歴

■キャバクラお店別
スレッド番号： ▓▓▓▓▓▓▓▓ ▓
レス番号： 0
削除理由： 個人名が書いてあります！
個人情報なので消して下さい
(20▓▓年▓▓▓▓▓▓ ▓▓▓▓)

■キャバクラお店別
スレッド番号： ▓▓▓▓▓▓▓▓▓
レス番号： 0,1,2,3
削除理由： 個人情報が書いてあります！
個人名も学校先も書いてあるので削除して下さい。
(20▓▓年▓▓▓▓▓▓ ▓▓▓▓)

■キャバクラお店別
スレッド番号： ▓▓▓▓▓▓▓▓▓
レス番号： 001
削除理由： 誹謗中傷など悪質な書き込みばかりです。早急にスレッドごと削除してください。
(20▓▓年▓▓▓▓▓▓▓▓)

■キャバクラお店別
スレッド番号： ▓▓▓▓▓▓▓▓▓
レス番号： 031,033
削除理由： 誹謗中傷や個人情報が書かれています。何度も依頼しています。大変迷惑しているので警察に被害届を出します。
(20▓▓年▓▓▓▓▓▓ ▓▓▓▓)

▶引用元：https://kanto.hostlove.com/agree/delete/list/1

　そのため，詳細な理由を書くと，かえって自分の公表したくない情報をネット上に公表してしまいかねません。そこで，簡潔に「個人情報なので」，「誹謗中傷のため」，「営業妨害」といった理由にとどめた方が安全です。

　削除依頼フォームにすべてを記入したら，「依頼する」ボタンを押します。

　7〜10日程度経過しても対応してもらえない場合は，詳細な理由を記載した送信防止措置依頼を，「WHOIS」で検索した先に行うのも1つの方法です。理由がしっかりしていれば，削除依頼の理由などが公開されずに対応してもらえる可能性もあります。

17 | ガールズちゃんねる

「ガールズちゃんねる」は，女子の女子による女子のためのおしゃべりコミュニティを掲げる掲示板で，株式会社ジェイスクエアードが運営しています。「ガールズちゃんねる」には，メールで削除依頼ができます。

① 削除依頼の注意事項を確認する

まずは，トップページの最下部の「お問い合わせ」をクリックしてください。

■■ 資料 6-17-1 | 「ガールズちゃんねる」トップページ

▶引用元：https://girlschannel.net

クリックすると，「お問い合わせ」のページになるので，このうち「削除要請について」という部分を確認してください。

■■ 資料 6-17-2 | 「ガールズちゃんねる」削除要請について

削除要請について

本サイトの投稿への削除要請がございましたら，「トピックのタイトルとURL」「コメント番号」「削除を要請する理由」の3点をご記入の上、info@girlschannel.netまでメールをお送りくださいませ。メールを拝見し、違法もしくは不適切な投稿、画像、リンク等であると判断できましたら、

早急に削除などの対応をいたします。

なお、削除にあたっての正確性を期すためと、要請があったことを記録しておくため、削除要請はメールまたは文書のみで受け付けております。電話での削除要請には対応致しかねますのでご了承ください。

▶引用元：https://girlschannel.net/contact.html

② 削除依頼メールを作成して送信する

資料6-17-2には，「トピックのタイトルと URL」，「コメント番号」，「削除を要請する理由」の3点を記入した上で，「info@girlschannel.net」にメールで連絡するように書かれています。そのため，こちらに従った形式のメールを作成して送ります。

記載例は，次の通りです。

資料 6-17-3 「ガールズちゃんねる」削除依頼メール記載例

コメント番号：45,46,367,387

削除を要請する理由：
私は携帯電話ショップで働いていますが、私の住所や携帯電話番号が書き込まれるほか、詐欺師であると言った事実無根の中傷がされています。
私のプライバシーや名誉が毀損されているため、上記の対象を削除いただけますようお願いいたします。

横田愛梨紗　拝

メール送付後，1〜5日程度で対応の可否の連絡があります。

18 | 転職会議

　「転職会議」は，企業の年収，入社対策，売上・業績のクチコミなどを提供する就職・転職関連サイトであり，株式会社リブセンスが運営しています。

　「転職会議」で削除依頼をするためには，削除依頼書（送信防止措置依頼書）を送る必要がありますが，「転職会議」からは，対応の合理化という観点で，まずはウェブフォームから依頼することを求められます。そして，そのウェブフォームはインターネット上で公開されておらず，「転職会議」に依頼して取得する必要があります。

① 問い合わせフォームから専用ウェブフォームを依頼する

　そこで，まず，削除を依頼するためのフォームを送ってもらうように連絡します。

　「転職会議」のトップページから一番下までスクロールすると，「お問い合わせ」というリンクがあるので，まずこちらをクリックします。そうすると，次のフォームが表示されます。

■■ 資料6-18-1 「転職会議」問い合わせフォーム

　「お名前」,「メールアドレス」に適宜入力し,「問い合わせ内容」には,「送信防止措置依頼書を送りたいので, ウェブフォームの URL を教えてほしい」ということを記載しましょう。そして,「利用規約及び個人情報保護に関する事項に同意して送信する」ボタンを押してください。

　この依頼をすると, 3営業日以内の返信をする旨の自動返信メールが届きますが, 当日, 遅くても数日以内にメールでウェブフォームの URL を知らせてくれます。なお, このウェブフォームの URL の有効期限は1週間で, その期間が経過してしまった場合には, 再度ウェブフォームの URL 発行を依頼する必要があります。

② 送信防止措置依頼用のウェブフォームに入力する

　送信防止措置依頼用のウェブフォームの URL が届いたら, その URL にアクセスします。そうすると,「送信防止措置依頼手続きフォーム」が表示されます。

■■ 資料 6-18-2　「転職会議」送信防止措置依頼手続きフォーム①

送信防止措置依頼手続きフォーム

削除を希望される投稿の投稿ID 必須

ans-

例) ans-1234

決定

まずは,「削除を希望される投稿の投稿ID」の入力が求められます。投稿IDは,各投稿の下に表示されている「ID」の数字部分をコピー&ペーストすればよいです。

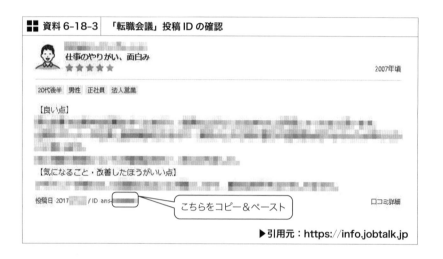

資料6-18-3　「転職会議」投稿IDの確認

仕事のやりがい、面白み
★★★★★
2007年頃

20代後半　男性　正社員　法人営業

【良い点】

【気になること・改善したほうがいい点】

投稿日 2017 / ID ans-　　　　こちらをコピー&ペースト　　口コミ詳細

▶引用元：https://info.jobtalk.jp

入力して決定ボタンを押すと,「送信前に必ずお読みください。」という表示がされ,その中には今後の手続についての説明が記載されてるので,必ず一読しましょう。そして,その下には,送信防止措置依頼手続きフォームが表示されているので,続けて入力していきます。

資料6-18-4　「転職会議」送信防止措置依頼手続きフォーム②

送信防止措置を申請する対象のID
ID:

送信防止措置を申請する対象の企業

送信防止措置を申請する対象の本文

企業名

例）株式会社リブセンス

住所 必須

例）東京都品川区上大崎2-25-2

ビル名 任意

例）紀尾井東急ビル9F

電話番号 必須

012-3456-7890

例）03-6275-3330

お名前 必須

例）斉藤 太郎
※代理人弁護士様による申請の場合は「代理人弁護士 ****」とご記入ください。

メールアドレス 必須

例）○○○@example
※ドメイン指定受信やメールフィルタを利用している場合は、「@jobtalk.jp」からのメールが受信できるようにしてください。

侵害されたとする権利 必須

侵害されたとする理由(被害状況など) 必須

※権利侵害に当たる箇所を具体的にご記載いただきますようお願いいたします。
※詳細なご記載がない場合、権利侵害に当たるか否かの判断を致しかねる場合がございますので予めご了承下さい。

意見照会への同意 必須

☐ 上記内容は事実に相違なくあなたから発信者にそのまま通知されることに同意します。

※※ 送信前に必ずご確認ください ※※

送信防止措置の申し出は、法律により、権利を侵害されたとする当事者及び代理人弁護士のみに限られております。
削除代行業者などの第三者による申し出と判断された場合、法的な処置の対象となります。
なお、現在、削除代行業者を名乗る者による違法性のある削除申請が横行しているため、転職会議事務局で常時調査を行っております。
当該申請が違法性のある削除申請であると判明した場合、然るべき対応を取るとともに、当サイトにその旨を掲載いたします。

　IDと対象の企業，対象の本文については，自動入力されているので，それ以後のフォームを埋めていきます。まず，「企業名」は自社の企業名の正式名称（登記上の社名）を入力し，「住所」は登記上の本店所在地を入力してください。「ビル名」は任意とされていますが，登記上の本店所在地にはビル名などを登記していないことも少なくないと思われるので，ビル名等を登記していない場合は，ここにビル名等を入力してください。「電話番号」は代表電話の番号でもよいと思いますが，担当者がいるのであれば，できる限り直接連絡がつく電話番号を記載した方がよいでしょう。「お名前」には担当者の名前を記載し，「メールアドレス」は必ず受信ができるものを入力してください。

　「侵害されたとする権利」には，「名誉権」などを入力し，「侵害されたとする理由（被害状況など）」には，書き込まれている内容が自社に関するものであることや，なぜそれが権利を侵害するものなのかといったことを説明してください。具体的には，**第3章1（3）②**の「削除依頼書」の項目を参考にしてください。

　これらを入力したら，「意見照会への同意」と「私は削除代行業者などの第三者ではありません。」にチェックを入れ，「この内容で送信する」ボタンを押してください。

　「転職会議」では，投稿IDごとにしか削除依頼をすることができないため，削除を依頼したい投稿が複数ある場合には，これらを繰り返します。

　なお，「転職会議」は削除するかどうかの判断が厳しいところであり，記載内容が真実に反している証拠があるものしか削除してくれないとい

うのが基本的な対応です。また，削除するとしても，投稿全体の削除がされるわけでは必ずしもなく，問題と指摘した箇所（場合によっては単語だけ）をアスタリスク（＊）の表示に変えるという対応を取ります。そのため，「侵害されたとする理由（被害状況など）」を記載する場合は，できる限り，投稿全体として，文章全体が問題であるという指摘をすること，証拠を付けることが重要になります。

③　印刷用 URL から印刷して郵送する

　②を送信すると，入力した内容を反映した「侵害情報通知書 兼 送信防止措置依頼書」というページが表示されるので，これをプリントアウトしてください。そして，印刷したものには押印が必要であり，法人の場合には，印鑑証明書と同じ印鑑を押す必要があります。

　その上で，これと印鑑証明書（発行から3か月以内），個人であれば身分証，また，証拠などがあればそちらも一緒に，リブセンス社の転職会議事務局宛に郵送します。なお，印鑑証明書の返送を希望する場合は，「原本還付」と記載したメモ，切手を貼付した返信用封筒を同封すれば，返送対応をしてもらうことができます。

　「転職会議」は，書類到着後1週間程度を目安に対応を開始します。

④　削除された投稿の表示

　「転職会議」では，削除依頼によって削除された投稿について，一定の表示がされています。

■■ 資料 6-18-5　「転職会議」削除された投稿の表示

ⓘ 6件の投稿が権利者（例：企業など）の申し立てにより全文削除されています。
ⓘ 4件の投稿が権利者（例：企業など）の申し立てにより一部削除されています。

こちらをクリック

削除された投稿一覧へ

▶引用元：https://info.jobtalk.jp

「転職会議」の企業トップの画面にはこの表示はありませんが，「評判」や「年収」などクチコミの表示がされている部分の上部に，全文削除されているもの，一部削除がされているものがそれぞれ何件あるか表示されています。加えて，当該部分の右下の「削除された投稿一覧へ」をクリックすると，削除された状態はそのままですが，どの投稿が全部または一部削除されたのかが一覧で表示されます。

　したがって，他のサイトと違って削除されれば一切何もなかったかのようにすることはできない点に注意が必要です。

19	みんなの就職活動日記 / みんなのキャンパス

　「みんなの就職活動日記」は，楽天株式会社が運営する掲示板で，就職活動中の学生が企業等の情報交換をしたりする掲示板などがあり，「みん就（みんしゅう）」と略称されています。

　「みんなの就職活動日記」では，面接などに対する企業の対応についての批判や，大学生活に関する掲示板も立ち上げられているため，学生同士の誹謗中傷がされることがあります。「みんなの就職活動日記」には，削除依頼フォームが用意されています。

　また，「みんなのキャンパス」は，同じく楽天株式会社が運営する掲示板で，大学の授業評価・講義情報を掲載したり，評価することができるサイトです。このサイトにも，削除依頼フォームが用意されています。

① 「みんなの就職活動日記」の削除依頼

　まずは，「みんなの就職活動日記」のトップページ右上にある「お問い合わせ」をクリックしてください。

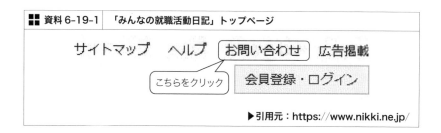

■■ 資料6-19-1　「みんなの就職活動日記」トップページ

サイトマップ　ヘルプ　お問い合わせ　広告掲載

こちらをクリック　　会員登録・ログイン

▶引用元：https://www.nikki.ne.jp/

　そうすると，問い合わせフォームが表示され，フォームのページの上には次のような案内が記載されています。

資料6-19-2 「みんなの就職活動日記」お問い合わせフォーム表示画面

お問い合わせフォーム

下記の情報を正確にご入力下さい。
なお、よく寄せられるご質問への回答はこちらにございます。必ずご覧になってください。
こちらにあるお問い合わせ内容につきましてはご回答できません。

掲示板書き込み削除のご依頼はこちらです。　　こちらをクリック

授業評価の削除のご依頼はこちらのフォーマットに沿った形式でお寄せください。

掲示板／一般に関するQ&Aとその他のお問い合わせはこちら です。

ビジネスのお問い合わせはこちら です。

▶引用元：https://www.nikki.ne.jp/support_mail_form/

　掲示板の書込みが問題だと考える場合には，「掲示板書き込み削除のご依頼は」の右側の「こちら」をクリックしてください。そうすると次のような削除依頼フォームに移るので，連絡先を記載した上でフォームの説明に従って入力すると削除依頼ができます。

資料6-19-3 「みんなの就職活動日記」削除依頼フォーム

掲示板書き込みの削除依頼フォーム

ご所属(所属大学/団体/企業など) 必須

楽天大学

氏名 必須

姓　　　　　　　　　　　　　　　名

メールアドレス 必須

sample@xxx.xxx

メールアドレス確認用 必須

sample@xxx.xxx

電話番号 [必須]

> 09012345678

削除依頼の種類 [必須]

> ○ 内定者掲示板書き込みの通報

> ○ 書き込み本人による削除依頼

> ○ 書き込み本人以外による削除依頼

掲示板名 [必須]

> 楽天グループ   の日記

掲示板URL [必須]

企業掲示板トップの一番短いURL（下記例の形式）をコピー＆ペーストしてください。

> https://www.nikki.ne.jp/bbs/4755/

書き込み者ニックネーム [必須]

> 楽天太郎

書き込み日時 [必須]

当該書き込みに記載されている書き込み日時を入れてください。

> yyyy-mm-dd hh:mm   📅

削除理由 [必須]

書き込みの中で問題である部分をお書きください。

> (例)面接官の名前は楽天太郎です。

問題の内容を具体的にお書きください。

> (例)個人情報に関する投稿のため、削除したいです。

▶引用元：https://www.nikki.ne.jp/support_mail_del_form/

記載例は，次の通りです。

┌───┐
│ ■■ **資料6-19-4**　「みんなの就職活動日記」お問い合わせフォーム記載例 │
├───┤
│ ・削除依頼の種類   │
│ ○内定者掲示板書き込みの通報   │
│ ○書き込み本人による削除依頼   │
│ ●書き込み本人以外による削除依頼   │
│ ・掲示板名   │
│ インターネット・チェッカーズ　　　　　　　　　の日記   │
│ ・掲示板 URL   │
│ https://www.nikki.ne.jp/bbs/1234/   │
│ ・書き込み者ニックネーム   │
│ あい・うえお   │
│ ・書き込み日時   │
│ 2022-10-11 22：33   │
│ ・削除理由   │
│ 　書き込みの中で問題である部分をお書き下さい   │
│ 他の企業の誹謗中傷をして，削除するっていう営業をかけて伸びているらしい │
│ 入らない方が無難   │
│ 　問題の内容を具体的にお書き下さい。   │
│ 　弊社は，インターネット上の誹謗中傷を監視するサービスを提供していますが， │
│ 書込みの削除などは行っていません。そのため，他の企業の誹謗中傷を書き込むと │
│ いうことはしておりませんし，削除するという営業を行うことはありえません。 │
│ 　弊社に対しては，昨年末頃から事実無根の誹謗中傷が頻繁に書き込まれており， │
│ 同業他社による嫌がらせであると考えています。   │
│ 　弊社の採用活動にとって非常にマイナスな情報であり，看過することはできませ │
│ ん。   │
└───┘

　7〜14日位で対応の可否についての連絡があります。

②　「みんなのキャンパス」の削除依頼

　「みんなのキャンパス」のトップページ右上にある「ご意見・ご要望」をクリックしてください。そうすると**資料6-19-2**の問い合わせフォームが表示されます。

　授業評価について問題がある場合は，**資料6-19-2**の「こちらのフォーマット」部分がリンクになっているので，これをクリックしてください。そうすると，楽天ポータルサイトの「よくある質問」が表示されます。

❓ 楽天ポータルサイト　よくある質問

❙ 詳細

Q 【みん就】みんなのキャンパスの授業評価の削除をしたい

A 下記のフォーマットを問い合わせ内容にコピー＆ペーストし、
必要事項を こちらの 「問い合わせ内容」に明記の上、お問い合わせください。

　こちらをクリック

※授業評価の『評価番号』はPCとスマホで表示方法が異なります
・PC：「授業名/大学名・学部学科/教授・講師名」）の右に灰色の文字で記載されています
・スマホ：「●●さんの授業評価 (2018/●/●)」の右に記載されています

◆授業評価フォーマット
───────────────

投稿者　本人 | 投稿者　本人以外
評価番号：（[]で括られた数字です）
削除理由：（具体的にお書きください）
書き込み日時：
大学名・学部名：
教授名：
ニックネーム：
───────────────

なお、複数の投稿を削除されたい場合、投稿の特定が必要なため、1件1件お問い合わせください。
また連絡先メールアドレスに誤りがありますと、返信メールが届きません。正確にご入力ください。

お問い合わせについても、こちらからお願い致します。

▶引用元：https://infoseek.faq.rakuten.net/detail/000001282

　授業評価の削除をしたい場合は，授業評価フォーマットをコピー＆ペーストして，必要事項を記入して問い合わせることが案内されています。削除依頼フォームは，「こちら」の部分がリンクになっているので，これをクリックしてください。そうすると，次のフォームが表示されます。

サービス [必須]	--なし-- ▼
該当ページのURL	
エラー メッセージ	
楽天ID	
ご利用OS	-- ▼
ご利用ブラウザ	-- ▼
ご利用デバイス	-- ▼
姓	
名	
メールアドレス [必須]	
メールアドレス確認 [必須]	上記メールアドレスに間違いがないか、もう一度ご記入ください。間違いがあった場合、回答をお届け差し上げられませんのでご注意ください。
お問い合わせ内容 [必須]	操作手順やエラー発生状況など詳しい情報が不足していますと円滑なご対応が困難となります。可能なかぎり詳しい状況をご記入ください。
添付ファイル (jpeg,jpg,png,pdf)	ドキュメントの添付 [ファイルを選択] 選択されていません [ファイルを選択] 選択されていません [ファイルを選択] 選択されていません

確認画面は表示されません。
「送信」ボタンを押すとそのまま送信されますのでご注意ください。

[送信]

▶引用元：https://infoseek.faq.rakuten.net/form/ask

基本的な情報はフォームの説明に従って入力し，「お問い合わせ内容」において，指定された「◆授業評価フォーマット」の部分をコピーして順番ごとに連絡をすればよいでしょう。記載例は，次のとおりです。

■■ 資料 6-19-7	「みんなのキャンパス」削除依頼フォーム記載例
問い合わせ内容	・書き込み本人以外 ・評価番号：1234567 ・削除理由：私は、東都大学で日本史学の講義を担当しています。講義の内容と関係がない、私がセクハラをしているという内容が記載されていますが、全くの事実無根です。大学側にもこの書込みをもとに通報がされたようで、私自身も調査を受けましたが、セクハラの事実がないことが確認されています。そのため、この書込みを削除いただけるようお願いいたします。 ・書き込み日時：22/12/27 ・大学名・学部名：東都大学文学部 ・教授名：清田和比古 ・ニックネーム：ケースケース

20 | ニコニコ動画 / ニコニコ生放送

「ニコニコ動画」は，株式会社ドワンゴが運営する動画共有サービスであり，動画の画面上にコメントができるという特徴を持っています。そのため，「ニコニコ動画」では，動画による権利侵害がなされる場合と，コメントによる権利侵害がなされる場合があります。

「ニコニコ生放送」も，同じく株式会社ドワンゴが運営しており，ライブストリーミング配信を行うサービスです。

「ニコニコ動画」や「ニコニコ生放送」はログインなしでも視聴することができますが，削除依頼等をするためには，基本的にアカウントを持っている必要があるため，まず最初にアカウントを作成してください。

① 「ニコニコ動画」の「コメント/タグ通報」

まず，「ニコニコ動画」の「コメント/タグ通報」から説明します。

削除依頼をするには，ログイン後，問題と考える動画が掲載されている画面の一番下までスクロールします。そうすると，「コメント/タグ通報」，「動画通報」というリンクがあるので，コメントに問題があれば「コメント/タグ通報」を，動画に問題があれば「動画通報」を，それぞれクリックしてください。

資料6-20-1 「ニコニコ動画」通報ボタン

▶引用元：https://www.nicovideo.jp/

「コメント/タグ通報」をクリックすると「コメント/タグを通報」というページが表示されます。

■■ **資料6-20-2** | 「ニコニコ動画」コメント/タグ通報フォーム

コメント／タグを通報

下記動画のコメント／タグを通報します。

■通報対象　　○コメント ○タグ

■通報項目　　選択してください ▼

■通報内容

※**通報内容のご入力について**
違反状況や迷惑行為の内容について、どのようなコメント／タグにお困りであるか下記項目を含めて、できるだけ具体的にご入力ください。**(1000文字まで)**

▼コメントの場合
- 違反行為を行っているユーザーID
- コメント番号
- コメント内容
- 違反と判断された理由

▼タグの場合
- タグの内容
- 違反と判断された理由

上記の内容で宜しければ **確認画面へ** をクリックしてください。

確認画面へ

▶引用元：https://www.nicovideo.jp/

通報の対象となる動画が何かはすでに選択されている状態なので、「通報対象」として、問題があるのがコメントなのか、タグなのかを選択

し，「通報項目」はプルダウンの中から自身の状況に合致しているものを選択してください。

　その上で「通報内容」には，コメントの場合には，違反行為を行っていると考える者のユーザー ID，コメント番号，コメント内容，違反と判断する理由をそれぞれ記載し，タグの場合には，タグの内容，違反と判断する理由をそれぞれ記載することが求められているので，これを記載してください。違反をしているかどうかは，ニコニコ利用規約とニコニコ活動ガイドラインに則って判断するため，これらのどこに違反しているのかを指摘すると対応してくれやすいと思われます。

　記載が終われば「確認画面へ」ボタンを押してください。確認画面が表示されるので，記載内容に間違いがないかを確認して，「注意事項に同意して通報を行う」ボタンを押せば，通報は完了します。

　なお，通報に対する個別の回答はされず，いたずら，虚偽通報をした場合にはアカウントへのペナルティがあるので注意が必要です。

② 「ニコニコ動画」の「動画通報」

　次に，「ニコニコ動画」の「動画通報」について説明します。

　資料6-20-1で「動画通報」をクリックすると，次のような違反動画の通報画面になります。

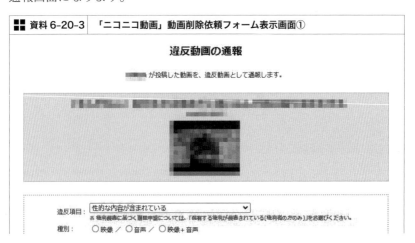

■■ 資料 6-20-3	「ニコニコ動画」動画削除依頼フォーム表示画面①

違反動画の通報

■■■■ が投稿した動画を、違反動画として通報します。

違反項目： 性的な内容が含まれている
※ 権利侵害に基づく削除申請については、「保有する権利が侵害されている（権利者の方のみ）」をお選びください。
種別： ○映像 ／ ○音声 ／ ○映像＋音声

　通報の対象となる動画はすでに選択されている状態なので、「違反項目」をプルダウンの中から選択することになります。自分の権利が侵害されている場合は「保有する権利が侵害されている（権利者の方のみ）」という項目があるので、こちらを選択してください。すると、次のように画面が変化します。

資料 6-20-4　「ニコニコ動画」動画削除依頼フォーム表示画面②

　「次へ」をクリックすると、確認画面が表示されるので、「上記の内容を理解した上で申請を続けます。」にチェックを入れて申請を続けます。

資料 6-20-5　「ニコニコ動画」動画削除依頼フォーム表示画面③

　チェックを入れると、次のような侵害された権利に関する情報を通報

するフォームが表示されます。

【侵害された権利に関する情報】

権利の内容(※):
- ○ 著作権
- ○ レコード製作者の権利
- ○ 放送事業者の権利
- ○ 実演家の権利
- ○ 著作者人格権
- ○ 実演家人格権
- ○ パブリシティ権
- ○ 肖像権
- ○ プライバシー権
- ○ その他の法令または判例で認められた権利

※その他の法令又は判例で認められた権利の内容を具体的に入力してください

権利の対象物(※):
※権利を侵害された作品名や楽曲名などを記載してください

侵害の状況等:
2000文字まで

※侵害箇所やどのように侵害が行われているかなど、運営会社が権利侵害の事実を確認するために必要と思われる情報をできるだけ具体的かつ詳細に記載してください。また、申請者が権利を保有していることが確認できる情報(ホームページのURLなど)があれば記載してください。

【権利者に関する情報】
権利者のご連絡先を入力してください。

登録ID:

メールアドレス:

○法人 / ○個人

名称(※):

所属部署(※)
担当者名:

所在地(※):

電話番号(※):

氏名(※):

表示名:
※ 個人からの申請で動画が削除された場合は権利者名が「個人」と表示されますが、法人格のない形態で活動されていて、権利侵害を受けた方の名称を利用者へ周知したい場合は、表示を希望される個人・団体・サークル名等を入力下さい

削除申請する(確認画面へ)

▶引用元：https://www.nicovideo.jp/

まずは「権利の内容」として，自分が侵害されていると考えるものを選択してチェックしてください。複数考えられる場合には最も当てはまるものにチェックして，「侵害の状況等」の部分にそれ以外の内容を補足してください。

　「侵害の状況等」には，できるだけ詳細な記載をします。たとえば，動画の何分何秒にどのような映像・音声があるということの説明，それが自分の権利に属するものであるという説明，なぜ侵害に当たるのかという説明などを記載してください。

　記載例は，次の通りです。

■■ 資料6-20-7	「ニコニコ動画」動画削除依頼フォーム記載例
権利の内容：	○著作権 ○レコード製作者の権利 ○放送事業者の権利 ○実演家の権利 ○著作者人格権 ○実演家人格権 ○パブリシティ権 ○肖像権 ○プライバシー権 ●その他の法令または判例で認められた権利 　名誉権
権利の対象物：	自分自身
侵害の状況等：	【動画URL】 https://www.nicovideo.jp/watch/pm98765432 【時間】 0：23〜5：12 【削除依頼理由】 　私はランジェリー・コミュニケーションズという女性向け下着の企画・販売を行う会社を経営しています。 　この動画は裸の女性の写真がスライドショー形式で多数表示されるものですが，その顔の部分はすべて私の顔写真が使用されています。私はある男性と交際していて，先日別れました。別れてしばらくすると，私の顔写真と別の女性の裸の写真を合成した，いわゆるコラージュ写真が掲示板に多数掲載されました。このスライドショーは，そのコラージュ写真をまとめたものです。 　まるで私が裸の写真を撮影させているように見えるもので，私の社会的評価が低下しています。

そのため，削除いただきますよう，お願い申し上げます。
まるで私が裸の写真を撮影させているように見えるもので，私の
社会的評価が低下しています。
そのため，削除いただきますよう，お願い申し上げます。

　「名称」などの項目もすべて入力したら，「削除申請する（確認画面へ）」
ボタンをクリックしてください。早いと翌日から数日位で対応してくれ
ます。

③　「ニコニコ生放送」のコメント通報

　次に，「ニコニコ生放送」で権利侵害を受けている場合の通報方法を
説明します。

　まずは，コメント通報をする場合ですが，問題と考える生放送を開い
て，放送タイトル横にある「…」をクリックしてください。

■ 資料6-20-8　「ニコニコ生放送」コメント通報①

こちらをクリック

▶引用元：https://live.nicovideo.jp

　そうすると「コメント通報」という表示がされるので，これをクリッ
クすると，以下のフォームが表示されます。

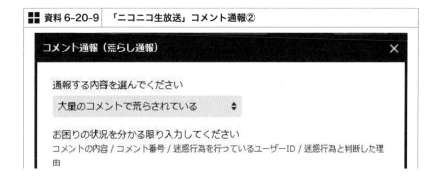

■ 資料6-20-9　「ニコニコ生放送」コメント通報②

コメント通報（荒らし通報）　　　　　　　　　　　　　　　×

通報する内容を選んでください

大量のコメントで荒らされている　　　♦

お困りの状況を分かる限り入力してください
コメントの内容 / コメント番号 / 迷惑行為を行っているユーザーID / 迷惑行為と判断した理
由

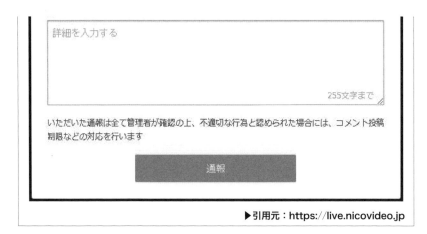

　「通報する内容を選んでください」は，プルダウンから自身の状況に合致するものを選択し，「お困りの状況を分かる限り入力してください」については，コメントの内容，コメント番号，迷惑行為を行っているユーザー ID，迷惑行為と判断した理由などを記載して，「通報」ボタンを押してください。

④　「ニコニコ生放送」の番組通報

　生放送自体について通報したい場合は，**資料6-20-8**のメニュー（「…」）から，「番組通報」を選択すればよいでしょう（なお，ログインしていないと「番組通報」は表示されません）。これを選択すると，別画面で次のような通報フォームが立ち上がります。

■■ 資料 6-20-10	「ニコニコ生放送」番組通報

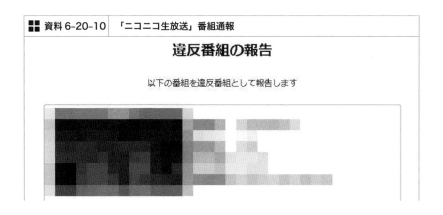

通報内容

通報する内容を選んでください ＊

| --- | ＊ |

違反している対象を選んでください ＊

| --- | ＊ |

お困りの状況を分かる限り入力してください ＊
例：放送開始から〇分〇秒に配信者が〇〇していた

| 詳細を入力する |

0/255

通報

▶引用元：https://live.nicovideo.jp/

　これについてもプルダウンから自身の状況に合う通報内容を選択し，違反対象が映像なのか，音声なのか，その両方なのかを選択してください。その上で，どの点が問題であるのかを放送時間が分かる形で説明するようにしてください。

　なお，生放送によって著作権等が侵害されたという例もあり得ると思われます。タイムシフトが公開されていない場合や放送終了している場合は，**資料6-20-11**のような窓口が設置されているので，記載が求められている内容を明記した上で，窓口メールアドレスに連絡をするとよいでしょう。

権利侵害による申し立て(権利保有者のみ)

正当な権利保有者または法定代理人からの申立の場合は調査を行い、申請者の権利保有を確認できた段階で適切な措置を行います。

なお、タイムシフトが公開されていない場合や放送終了している場合は、以下のニコニコ生放送権利侵害対応窓口宛に、1〜4の情報をご連絡ください。

[ニコニコ生放送権利侵害対応窓口メールアドレス]

nicolive-rightscomplaints@dwango.co.jp

こちらにメール

[いただきたい情報]

1. 該当放送URL：https://live.nicovideo.jp/watch/lv●●

2. 侵害された権利種別：下記よりご選択ください
   - 著作権
   - レコード製作者の権利
   - 放送事業者の権利
   - 実演家の権利
   - 著作者人格権
   - 実演家人格権
   - パブリシティ権
   - 肖像権
   - プライバシー権

3. 権利侵害となった対象物
   [著作権の場合]
   著作権の対象となる著作物（作品や楽曲のタイトル）をご明記ください。

   [レコード製作者の権利の場合]
   対象となるCD音源（原盤）の楽曲名をご明記ください。

4. 該当放送で行われている権利侵害行為の詳細
   （貴方の権利がどのように侵害されているか/元作品のURL等）

▶引用元：https://qa.nicovideo.jp/faq/show/775?site_domain=default

21 Yahoo! 知恵袋

「Yahoo! 知恵袋」は，ヤフー株式会社が運営する Q&A サイトであり，利用者は質問と回答ができるようになっています。質問と回答は公開されており，誰でも閲覧できます。

「Yahoo! 知恵袋」は質問形式を採りつつ，他者の評判を落とすことを実質的な目的にするような書込みがされることや，やらせ質問・やらせ回答と見受けられる誹謗中傷もしばしばあります。

「Yahoo! 知恵袋」には削除フォームは用意されていませんが，「違反報告」ができるようになっています。これによって，嫌がらせの質問・回答が繰り返されているような場合には，削除してくれることがあります。

なお，「違反報告」をするためにはアカウントが必要なので，アカウントを持っていなければ最初にアカウントを作成してください。

「違反報告」は，各質問・回答ごとにリンクがあります。

① 「違反報告」を表示する

「⊘」をクリックすると，次のような報告画面が表示されます。

■■ 資料 6-21-1 「Yahoo!知恵袋」違反報告フォーム表示画面

11回答

3人が共感しています

⊙ 共感した

こちらをクリック

▶引用元：https://chiebukuro.yahoo.co.jp/

② 「違反報告」を選択する

■■ 資料 6-21-2	「Yahoo!知恵袋」違反報告フォーム

違反項目

◯ 他人を攻撃したり、傷つけたり、不快にさせる投稿

◯ わいせつや暴力的、過激な描写などの投稿

◯ 法令違反・犯罪行為の誘発や予告を含む投稿

◯ 商業目的や広告目的の投稿

◯ 悪質なリンクが含まれた投稿

◯ 個人を特定できる情報の投稿

◯ 第三者の知的財産権を侵害する投稿

◯ 重複投稿など、サービス運営を妨害する投稿

◯ 質問や回答になっていない投稿

◯ なりすまし行為や自作自演の投稿

◯ 勧誘や呼びかけ投稿の行為

◯ 明らかに事実と異なり、社会的に混乱を招く恐れのある投稿

◯ カテゴリ違いの投稿

◯ プロフィール内で不適切な内容を記載

▶引用元：https://chiebukuro.yahoo.co.jp

　違反項目を選択すると、項目によってさらに「違反報告の詳細」を入力できるフォームが表示されるため、事情説明などをしたい場合には、これに入力をするとよいでしょう。

　「違反報告」に対して何らかの連絡はありませんが、削除が妥当だと判断されれば、削除されます。ヤフー社は対応がそこまで早くはないですが、この手続については2～5日ほどで対応の可否が判明します。なお、ヤフー社から削除したかどうかについて連絡が届くわけではないの

で，削除されたかの確認は，自分で行う必要があります。

　ただし，ここから削除を依頼しても対応してくれないことが多いという印象があります。削除依頼書（送信防止措置依頼書）を作成して，内容が真実に反するという証拠とともに，郵送で削除依頼をした方が，削除してくれる可能性は高まるでしょう。

22 OKWAVE

「OKWAVE」は，株式会社オウケイウェイヴが運営する Q&A サイトであり，利用者は質問と回答ができるようになっています。質問と回答は公開されており，誰でも閲覧できます。

① 通報フォームを表示する

「OKWAVE」では，質問や回答の右下に「通報する」というボタンが用意されています。そちらから通報フォームを表示し，削除依頼をすることができます。

ただし，こちらから削除依頼をするためには，「OKWAVE」のアカウントが必要です。アカウントを持っていなければ，最初にアカウントを作成してください。

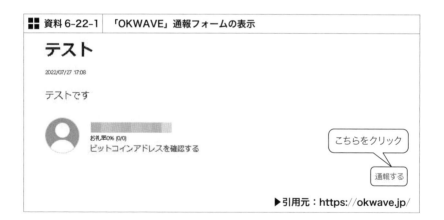

| 資料 6-22-1 | 「OKWAVE」通報フォームの表示 |

テスト

2022/07/27 17:08

テストです

お礼率0% (0/0)
ビットコインアドレスを確認する

こちらをクリック

通報する

▶引用元：https://okwave.jp/

② 通報フォームに入力する

「通報する」をクリックすると，通報フォームが表示されます。質問に対する通報フォームは**資料6-22-2**，回答，補足，お礼に対する通報フォームは**資料6-22-3**の通りです。

■■ 資料 6-22-2	「OKWAVE」通報フォーム（質問）

該当URL https://okwave.jp/q▨▨▨▨▨▨▨▨

質疑番号 QNo▨▨▨▨▨

違反項目 [違反理由選択] ▼

詳細内容

あと**1000**文字入力できます。

▶引用元：https://okwave.jp/

■■ 資料 6-22-3	「OKWAVE」通報フォーム（回答，補足，お礼）

■該当URL
https://okwave.jp/qa/　　　tml
■質疑番号

違反理由
違反理由を選択　　　　　　　　　　　　　　　　　　　　　∨

0 / 1000

通報内容を入力してください

通報する

▶引用元：https://okwave.jp/

　両方とも「該当 URL」と「質疑番号」は最初から入力されています。

　「違反項目」，「違反理由」は，次の通りプルダウンで表示されるので，自分の状況に合ったものを選択します。必ずしも一致するものがなければ，「その他」を選択してください。

　「詳細内容」には，1000文字以内で権利侵害があることを説明できるため，なぜ問題といえるのかをきちんと説明するとよいでしょう。

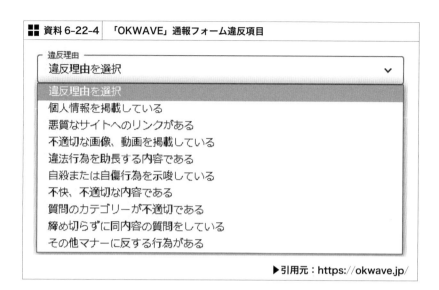

資料 6-22-4　「OKWAVE」通報フォーム違反項目

違反理由
違反理由を選択 ⌄

違反理由を選択
個人情報を掲載している
悪質なサイトへのリンクがある
不適切な画像、動画を掲載している
違法行為を助長する内容である
自殺または自傷行為を示唆している
不快、不適切な内容である
質問のカテゴリーが不適切である
締め切らずに同内容の質問をしている
その他マナーに反する行為がある

▶引用元：https://okwave.jp/

　すべて入力して「確認する」ボタンを押すと，確認画面になるので，内容に間違いがないかをチェックして，「通報する」ボタンを押してください。ただし，通報フォームからだと，対応についての回答はないため，対応されたかどうかは自分で確認する必要があります。

　より詳しく証拠なども付けて説明をしたいということであれば，送信防止措置依頼書を送付するとよいでしょう。

23 | 教 え て ！ g o o

　「教えて！goo」は，エヌ・ティ・ティレゾナント株式会社が運営する Q&A サイトであり，利用者は質問と回答ができるようになっています。質問と回答は公開されており，誰でも閲覧できます。以前は，「OKWAVE」と提携しており，そのコンテンツは「OKWAVE」に掲載されているものと同様でしたが，現在は独自のサイトとして運営されています。

① 通報フォームからの削除依頼

　「教えて！goo」も，質問や回答の右下に「通報する」というボタンが用意されており，そこから通報フォームを表示し，削除依頼をすることができます。

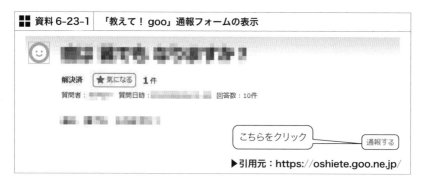

資料 6-23-1　「教えて！goo」通報フォームの表示

解決済　★気になる　1件
質問者：　　　　質問日時：　　　　　　　回答数：10件

こちらをクリック　　通報する

▶引用元：https://oshiete.goo.ne.jp/

　「通報する」ボタンを押すと，以下のような通報フォームが表示されます。

資料 6-23-2　「教えて！goo」通報フォーム

違反項目	【違反理由選択】　▼
通報内容	

あと100文字

▶引用元：https://oshiete.goo.ne.jp/

「違反項目」についてはプルダウンで表示されるので，自分の状況に合ったものを選択し，「通報内容」で問題の内容を説明してください。ただし，文字数が100文字と限りがあるため，簡潔にポイントをまとめる必要があります。すべて入力し「確認する」ボタンを押すと，確認画面になるため，内容に間違いがないかをチェックして，「通報する」ボタンを押してください。

② 問い合わせフォームからの削除依頼

100文字では侵害の状態などを伝えられないといった場合，問い合わせフォームからの削除依頼をすることも可能です。まず，「教えて！goo」のページ下部に「ヘルプ」という部分があるため，これをクリックしてください。

資料6-23-3 「教えて！goo」トップページ

▶引用元：https://oshiete.goo.ne.jp/

クリックすると，ヘルプページのトップに移動しますが，この中に「サービス別で探す」という項目があるため，その中から「教えて！goo」を選択してください。

資料6-23-4 「教えて！goo」ヘルプページ

▶引用元：https://help.goo.ne.jp/

これをクリックすると，「教えて！gooのヘルプ」というページに移動します。この中に「お問い合わせ」という項目があるため，その中の

「お問い合わせ（各サービス）」というリンクをクリックしてください。

■■ 資料6-23-5 「教えて！goo」お問い合わせ

✈ お問い合わせ

gooIDパスワード忘れ （gooID/goo決済）

各種IDパスワード/決済パスワード忘れ、再発行

▸ gooIDパスワード忘れ、再設定
▸ goo決済パスワード忘れ、再発行 ※「秘密の質問」設定済の方はこちら

一般的なお問い合わせ

各gooサービスの使い方、ご質問等

▸ お問い合わせ （各サービス）　　こちらをクリック

「dアカウント連携(goo)」のお問い合わせせ

▸ dアカウント連携に関するお問い合わせ(gooのお客さま)

「gooポイント」のお問い合わせ

▸ お問い合わせ （ポイント）

有料サービス・商品に関するお問い合わせ

goo of thingsのお問い合わせ

▸ goo of things でんきゅう／でんきゅうAIに関するお問い合わせ
▸ goo of things いまここに関するお問い合わせ

月額継続商品（アドバンス系商品）のご請求・お支払いに関するお問い合わせ

▸ お問い合わせ （有料・月額継続商品）

gooのマスコット「メグたん」関連販売商品に関するお問い合わせ

▸ お問い合わせ （「メグたん」関連販売商品）

▶引用元：https://help.goo.ne.jp/goo/g050/

クリックすると，「各サービスに関するお問い合わせ」というページに移動しますが，この中からさらに「教えて！goo」を選択してください。

資料 6-23-6　「教えて！goo」各サービスに関するお問い合わせ

各サービスに関するお問い合わせ

あ行

ID（gooID）　　こちらをクリック　　アドバンスパッケージ　　　　　　NTT-X Store

教えて！goo

▶引用元：https://goo.e-srvc.com/app/ask_select

　これをクリックすると，「各サービスに関するお問い合わせ」というフォームが表示されるので，ここから削除を依頼していきます。

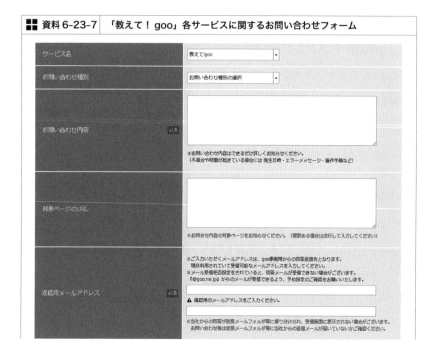

資料 6-23-7　「教えて！goo」各サービスに関するお問い合わせフォーム

サービスで使用しているgooID	
使用OSとそのバージョン	--
利用のブラウザとそのバージョン	--

個人情報の取扱いについて

1. 個人情報の利用目的

エヌ・ティ・ティレゾナント株式会社（以下「当社」といいます）は、お客様にご入力いただきました個人情報については、お問い合わせやご相談に対する回答にのみ利用いたします。

2. 個人情報の管理

・当社は、あらかじめお客様の同意がある場合、または法令で許容されている場合を除き、第三者への提供及び共同利用は行いません。
・当社は、上記の利用目的の範囲内で委託先に個人情報の取り扱いを委託する場合があります。
・当社の個人情報管理責任者は以下のとおりです。

個人情報管理責任者： エヌ・ティ・ティレゾナント株式会社 ビジネスリスクマネジメント推進担当役員

個人情報の取り扱いについて、上記の内容にご同意いただいた上で、お問い合わせを送信ください。

[送信する]

▶引用元：https://goo.e-srvc.com/app/ask/p/912/rnt_subject/

　「サービス名」については、すでに「教えて！goo」が選択されています。「お問い合わせ種別」については、プルダウンの中から「権利侵害」を選択してください。

　「お問い合わせ内容」については、第三者から見た場合にも権利侵害を受けていることが分かる内容を記載する必要があります。そのためには、問合せをしているのが誰で、投稿されている内容とどのような関係があるのか、といったことを説明する必要があります。

　「対象ページのURL」については、問題と考えている「教えて！goo」のURLを記載し、「返信用メールアドレス」を入力してください。

　「サービスで使用しているgooID」については、gooIDを持っていれば記載すればよいでしょう。「使用OSとそのバージョン」、「利用のブラウザとそのバージョン」については、うまく表示ができないといった問い合わせの際のためのものなので入力は不要です。

　入力が完了したら、「送信する」ボタンを押してください。

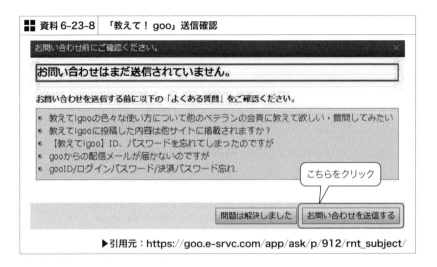

■■ 資料6-23-8　「教えて！goo」送信確認

お問い合わせ前にご確認ください。　　　　　　　　　　　　×

お問い合わせはまだ送信されていません。

お問い合わせを送信する前に以下の「よくある質問」をご確認ください。

- 教えて!gooの色々な使い方について他のベテランの会員に教えて欲しい・質問してみたい
- 教えて!gooに投稿した内容は他サイトに掲載されますか？
- 【教えて!goo】ID、パスワードを忘れてしまったのですが
- gooからの配信メールが届かないのですが
- gooID/ログインパスワード/決済パスワード忘れ

こちらをクリック

問題は解決しました　　お問い合わせを送信する

▶引用元：https://goo.e-srvc.com/app/ask/p/912/rnt_subject/

　そうすると，さらに送信前の確認が表示されるため，「お問い合わせ
を送信する」ボタンを押して，問い合わせを完了させてください。

「Ameba」は，株式会社サイバーエージェントが提供している「アメーバブログ（アメブロ）」などのサービスです。「Ameba」にも削除フォームが用意されています。

① 削除依頼フォームを表示する

まず，Google 検索等で「ameba 削除依頼」などのワードで検索をしてみてください。そうすると，「権利者向け窓口-Ameba ヘルプ｜お問い合わせ」といった検索結果が表示されるので，これをクリックしてください。

クリックすると，権利者向けの報告フォームが表示されます。

■■ 資料 6-24-1	「Ameba」削除フォーム

あなたのアメーバID

```
3〜24文字以内の半角英数字
```

メールアドレス*

```
ameba-taro@xxx.jp
```

あなたの権利が侵害されているページURL*

```
http://
```

※記入例はこちら

上記URLに記載されている侵害内容*

侵害されている権利*

```
┌─────────────────────────────────────┐
│                                     │
│                                     │
└─────────────────────────────────────┘
```

希望の対応*

```
┌─────────────────────────────┬─────┐
│ 選択してください            │  ∨  │
└─────────────────────────────┴─────┘
```

対応をお約束するものではありません。

あなたの立場*

```
┌─────────────────────────────┬─────┐
│ 選択してください            │  ∨  │
└─────────────────────────────┴─────┘
```

権利者であることを証明できるWEBページのURL*

```
┌─────────────────────────────────────┐
│                                     │
│                                     │
│                                     │
│                                     │
└─────────────────────────────────────┘
```

※記入例はこちら

```
┌─────────────────────────────────────┐
│           この内容で送信する        │
└─────────────────────────────────────┘
```

▶引用元：https://cs.ameba.jp/inq/inquiry/right

② 削除依頼フォームに入力する

「あなたのアメーバID」には，アメブロなどを利用していてアメーバ
IDがあれば入力しましょう。なければ空欄で大丈夫です。

「メールアドレス」には，連絡がつくものを入力し，「あなたの権利が
侵害されているページURL」については，個別の記事のURLを入力して
ください。

「上記 URL に記載されている侵害内容」には，具体的にどこが問題なのかを抜き出し，それが自分のどのような権利を，なぜ侵害したといえるのか，ということを説明してください。

　「侵害されている権利」には，この説明と合致するものを挙げてください。複数挙げてもよいです。

　「希望の対応」には，「削除」と「Ameba での確認」という 2 つの選択肢がありますが，確認してもらうだけでは状況は変わらないので，「削除」を選択しましょう。

　「あなたの立場」には，「本人（権利者）」か「代理人」を選ぶことができますが，弁護士以外が「代理人」を選択することは弁護士法に違反するので，「本人（権利者）」を選択してください。なお，企業で担当者が問い合わせをする場合は，企業としての対応をしているので「本人（権利者）」を選択して問題ありません。

　「権利者であることを証明できる WEB ページの URL」には，たとえば，著作権が侵害されているという場合であれば，もともとの権利が自分にあることを示すページの URL を記載するということです。音楽が無断使用されていたら，JASRAC の登録ページの URL を入力すればよいです。また，自分の撮影した写真が無断で利用されている場合であれば，自分のホームページの写真が掲載されている URL を入力する，ということになります。

　これらの記載例は，次の通りです。

あなたのアメーバID

メールアドレス

yasuo.sugiyama@mail-service.com

あなたの権利が侵害されているページURL

http://ameblo.jp/abcde-xyz/entry-12345678901.html

上記URLに記載されている侵害内容

私の過去の犯罪についての報道が，コピー＆ペーストされて掲載されています。この事件で私は不起訴となっており，逮捕されてから4年以上が経過しています。そのため，現時点でこれを掲載し続ける必要はなく，むしろ私の更生の妨げとなっており，非常に苦慮しています。そのため，対象について削除いただきたく，お願いいたします。

侵害されている権利

プライバシー権，更生を妨げられない利益

希望の対応

削除

あなたの立場

本人（権利者）

権利者であることを証明できるWEBページのURL

https://ameblo.jp/abcde-abc/entry-98765432100.ntml

　入力をしたら，「この内容で送信する」ボタンを押してください。7〜10日程度で対応の可否がわかります。

25 | Amazon

　「Amazon」は，アメリカのワシントン州に本社を置く法人です。ただし，利用規約によると「Amazon.co.jp」のサイト運営は「Amazon.com Services LLC」が行っているとされており，日本での問い合わせ先は「アマゾンジャパン合同会社」とされています。

▌▌資料 6-25-1　「Amazon」利用規約

所在地・連絡先

アマゾンが商品またはサービスの販売業者となる場合の表示事項については、特定商取引法に基づく表示をご覧ください。

サイト運営者

- Amazon.com Services LLC
  PO Box 8102, Reno, NV 89507 USA

  USA

日本でのお問い合わせ先
- アマゾンジャパン合同会社
  東京都目黒区下目黒1-8-1

  〒153-0064

- アカウントをお持ちのお客様による、Amazon.co.jpのご利用に関するお問い合わせはカスタマーサービスに連絡からお願いします。郵送による書面でのお問い合わせは承っておりません。

- アマゾンジャパン合同会社社長へのご意見は以下のEメールアドレスまで日本語または英語でご連絡ください。

  ジャスパー・チャン

  社長

  アマゾンジャパン合同会社

  Eメール: jasper@amazon.com

▶引用元：https://www.amazon.co.jp/gp/help/customer/display.html?nodeId=
GLSBYFE9MGKKQXXM

削除依頼書を作成して郵送する

　「Amazon」には，カスタマーレビュー欄があり，そのことに関する相

談が比較的あります。単なる感想などにはほぼ対応してくれませんが，内容に対する批評を超えた著者への誹謗中傷などが書き込まれている場合は，アマゾンジャパン合同会社に対して削除依頼書（送信防止措置依頼書）を郵送することで，対応してくれるケースがあります。具体的な方法は，**第3章1（3）②**の通りです。

　一方で，発信者情報開示請求については，権利侵害が「明らか」という条件が必要になるため，裁判をしなければ開示されないのが原則です。

　裁判手続は，アマゾンジャパン合同会社に対して行うことができます。そして，「Amazon」は通常，顧客の注文者情報や配送先情報を保有しているので，氏名や住所，電話番号の開示請求が可能というのが特徴といえます。

26 │ LINE

　「LINE」は，LINE 株式会社が提供する無料通話・チャットアプリをは
じめとしたサービス群の名称です。「LINE」では，様々なサービスが利用
することができますが，他者とトラブルになりやすいのは，トークやタ
イムラインに投稿された内容でしょう。

　しかし，トークやタイムラインはネットを介してはいますが，原則と
して誰でもが閲覧できるものではありません（タイムラインについては公開
設定により誰でも閲覧できる場合があります）。プロバイダ責任制限法に基づ
く手続は，インターネットを介して誰でも閲覧できるものへの対応を想
定しており，限定された人だけが閲覧できるものについては対象外と
なっています。そのため，プロバイダ責任制限法に基づく対応はできま
せん。

　もっとも，問題があるコメントを通報することは可能です。問題と考
えるトーク等を長押しすると，以下のようなメニューが表示されます。

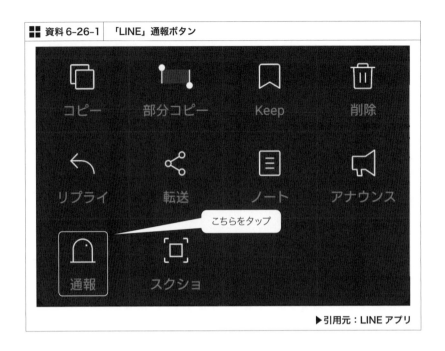

▶引用元：LINE アプリ

　この中に「通報」という項目があるため，これをタップしてください。タップすると，次のような表示がされます。

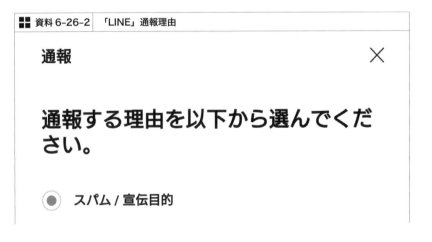

○ 性的いやがらせ / 出会い目的

○ 迷惑行為

○ その他

通報するとLINEに以下の情報が送信され、通報内容の確認・対応や不正利用防止ツールの開発を含む不正利用防止のために利用されます。
また、上記目的の達成に必要な範囲で以下の情報を業務委託先に共有することがあります。

■送信される情報：
通報するトークメッセージとその前後に送受信した9件のトークメッセージ、グループの情報(表示名/グループの画像/あなたをグループに招待したユーザーの情報等)、通報者の情報(表示名/プロフィール画像等)

同意して送信

▶引用元：LINE アプリ

この中から自身の状況に合うものを選択して「同意して送信」ボタンを押すことになります。通報によって，場合によっては相手のアカウントが凍結されるといった対応が取られることがありますが，誹謗中傷をされたというだけでは対処してくれる可能性は低く，たとえば常識を超えるようなスタンプの連投，犯罪行為への勧誘といった問題があるものについて対応される可能性があると考えておくべきでしょう。

なお，対応をしてくれるとしても何かしらの連絡があるものではなく，通報したことが相手に通知されることもありません。

27 | その他のサイト

　オンラインフォームなどが特に設置されていないサイトの場合，個別に削除依頼書（送信防止措置依頼書）や発信者情報開示請求書を送付する必要があります。また，日本法人が運営しているサイトであれば，フォームが設けられていても郵送などで送信防止措置依頼や発信者情報開示請求を行っても全く問題ありません。

　削除依頼の内容が公開される仕組みのサイトでも，フォームからの削除でなければ公開されないところがほとんどです。郵送や電話などでは受け付けないと明記していない限り，オンラインではない形での削除依頼や開示請求を検討してもよいのではないでしょうか。

　送付先はネット検索や「WHOIS」検索で探すとよいですが，代表的なサイトについては，運営会社と連絡先（2022年9月31日現在）を**資料6-27-1**に挙げておきます。

サイト	運営会社	連絡先住所	ウェブ上での連絡先
アメブロ	株式会社サイバーエージェント	〒150-0042 東京都渋谷区宇田川町40-1 Abema Towar	https://cs.ameba.jp/inq/inquiry/right?_ga=2.221574161.827366703.1658959838-1522065625.1658959838
e戸建て,マンションコミュニティ	ミクル株式会社	〒160-0023 東京都新宿区西新宿7-19-15 小田切ビル303ミクル株式会社東京オフィス	
インターエデュ・ドットコム	株式会社インターエデュ・ドットコム	〒160-0023 東京都新宿区西新宿3-16-6 水野ビル11階	https://www.inter-edu.com/forum/doc.php
ウェブリブログ	ビッグローブ株式会社	〒140-0002 東京都品川区東品川4-12-4 品川シーサイドパークタワー	https://inquiry.biglobe.ne.jp/B12
エキサイトブログ	エキサイト株式会社	〒106-0047 東京都港区南麻布3-20-1 Daiwa麻布テラス4階	https://help.excite.co.jp/hc/ja/requests/new?ticket_form_id=699148
エックスサーバー	エックスサーバー株式会社	〒530-0011 大阪府大阪市北区大深町4-20 グランフロント大阪タワーA 32F エックスサーバー株式会社　法務担当　宛	
FC2	FC2, Inc.	4730 South Fort Apache Road Suite 300 Las Vegas, NV89147	https://help.fc2.com/inquiry
enライトハウス	エン・ジャパン株式会社	〒163-1335 東京都新宿区西新宿6-5-1 新宿アイランドタワー35階	
OpenWork	オープンワーク株式会社	〒150-6139 東京都渋谷区渋谷2-24-12 渋谷スクランブルスクエア39階	
OKWAVE	株式会社オウケイウェイヴ	〒151-0051 東京都渋谷区千駄ヶ谷5-27-5 リンクスクエア新宿16F WeWork 内	
教えて！Goo,gooブログ	エヌ・ティ・ティレゾナント株式会社	〒100-0004 東京都千代田区大手町1-5-1 大手町ファーストスクエア イーストタワー	https://goo.e-srvc.com/app/ask/p/916/rnt_subject/
ガールズちゃんねる	株式会社ジェイスクエアード	〒100-0005 東京都千代田区丸の内1-8-3 丸の内トラストタワー本館20階	
ココログ	ニフティ株式会社	〒169-8333 東京都新宿区北新宿2-21-1 新宿フロントタワー	https://support.nifty.com/form/0/iff/

サイト	運営会社	連絡先住所	ウェブ上での連絡先
サイゾー, Business Journal	株式会社サイゾー	〒150-0043 東京都渋谷区道玄坂 1 -19- 2 スプラインビル3F	https://biz-journal.jp/contact-index.html
さくらのブログ	さくらインターネット株式会社	〒530-0001 大阪府大阪市北区梅田 1 -12-12 東京建物梅田ビル11階　abuse 対策チーム	https://secure.sakura.ad.jp/abuse/form/check?_ga=2.149567344.739316080.16589622 10-804318233.16 58962210
したらば掲示板	株式会社したらば	〒150-0002 東京都渋谷区渋谷 3 -27-11 祐真ビル新館	https://rentalbbs.shitaraba.com/rule/form.html
Seesaa ブログ, wiki, SS ブログ	シーサー株式会社	〒101-0021 東京都千代田区外神田 6 - 1 - 4　神田ノーザンビル 3 階	Seesaa ブログ https://form.run/@seesaa-0044 シーサー wiki https://www.seesaa.co.jp/contact/form35.html SS ブログ https://sso.ss-blog.jp/support/general
JUGEM ブログ	株式会社メディアーノ	〒160-0023 東京都新宿区西新宿三丁目20- 2 東京オペラシティタワー35階	jugem@cc.mediano-ltd.co.jp
食べログ	株式会社カカクコム	〒150-0022 東京都渋谷区恵比寿南 3 - 5 - 7 デジタルゲートビル	https://tabelog.com/support/inquiry?type=10
転職会議	株式会社リブセンス	〒105-7510 東京都港区海岸 1 - 7 - 1　東京ポートシティ竹芝10階	
Togetter（トゥギャッター）	トゥギャッター株式会社	〒101-0063 東京都千代田区神田淡路町 2 - 9 -11	https://togetter.com/info/contact
ニコニコ動画	株式会社ドワンゴ	〒104-0061 東京都中央区銀座 4 -12-15 歌舞伎座タワー「ニコニコ動画」権利侵害対応窓口	
忍者ブログ, サーバー	株式会社サムライファクトリー	〒155－0033 東京都世田谷区代田6-6-1 TOKYU REIT 下北沢スクエア B 1 F	https://corp.ninja.co.jp/isplaw/
note	note 株式会社	〒107-0061 東京都港区北青山 3 - 1 - 2 青山セント・シオンビル4階	https://www.help-note.com/hc/ja/requests/new

サイト	運営会社	連絡先住所	ウェブ上での連絡先
はてなブログ，はてなブックマーク	株式会社はてな	〒604-8162 京都府京都市中京区烏丸通六角下ル七観音町630 読売京都ビル7F	cs@hatena.ne.jp
ピクシブ	ピクシブ株式会社	〒151-0051 東京都渋谷区千駄ヶ谷4-23-5 JPR千駄ヶ谷ビル6階	https://www.pixiv.net/support?mode=inquiry&type=15&service=pixiv
爆サイ.com	トラスト爆サイ.com係	〒101-0061 東京都千代田区神田三崎町2-16-9新星ブルービル3階-333番	
ママスタ	株式会社インタースペース	〒163-0808 東京都新宿区西新宿2-4-1新宿NSビル8階	https://mamastar.jp/inform.do?url=%252Fbbs%252Fphoto.do
mixi	株式会社ミクシィ	〒150-6136 東京都渋谷区渋谷2-24-12渋谷スクランブルスクエア36F	
みんかぶ	株式会社ミンカブ・ジ・インフォノイド	〒102-0073 東京都千代田区九段北1-8-10	
Yahoo!知恵袋，Yahoo!ファイナンス	ヤフー株式会社	〒102-8282 東京都千代田区紀尾井町1-3 東京ガーデンテラス紀尾井町紀尾井タワー	
ライブドアブログ，ライブドアニュース	LINE株式会社 ※2022年12月28日以降，（株）ミンカブ・ジ・インフォノイドの運営となることが公表されている	〒160-0004 東京都新宿区四谷1-6-1 四谷タワー23階	https://contact-cc.line.me/livedoor/
楽天ブログ，みんなの就職活動日記	楽天株式会社	〒158-0094 東京都世田谷区玉川1-14-1 楽天クリムゾンハウス	
ロリポップサーバー	GMOペパボ株式会社	〒150-0031 東京都渋谷区桜丘町26-1 セルリアンタワー	https://abuse.pepabo.com/hc/ja#_ga=2.260616974.2059261781.1634699838-1731501486.1634699838

インターネット関連用語集

アクセスログ　　　　　　　>>>

サーバへのアクセスに関する情報を記録したもの。アクセスした日時，接続元の IP アドレス等の情報がこれに当たる。

アクセスプロバイダ（AP）　>>>

インターネット通信に接続するサービスを提供している，いわゆるプロバイダ。なお，経由プロバイダ，インターネットサービスプロバイダなどと表現される場合もある。

アルゴリズム　　　　　　　>>>

コンピュータを使ってある特定の目的を達成するための処理手順。

インターネット　　　　　　>>>

インターネット・プロトコル技術を利用して相互に接続したコンピュータネットワークのこと。「インターネット空間」という独自のものがあるわけではなく，それぞれのコンピュータ（サーバ）に保存された情報を相互にアクセスできるようにしている。

インターネット・プロトコル（IP）>>>

パケット交換の仕組みを用いてコンピュータやネットワークを相互接続する通信規格のこと。

逆 SEO　　　　　　　　　>>>

SEO の手法を用いて，ネガティブなウェブサイトを検索結果の下位に表示されるように工夫すること。

キャッシュ　　　　　　　　>>>

検索エンジンが，検索結果表示用の索引を作る際に，各ページの内容を保存したデータのこと。

検索エンジン　　　　　　　>>>

インターネット上に存在する情報を検索する機能を付与されたサーバ，システムのことを指すが，しばしば「Google」，「Yahoo!」などの検索サイトのことを指している場合がある。

個体識別番号　　　　　　　>>>

携帯電話などでウェブサイトを閲覧したときにサーバに送信される情報であり，端末ごとに割り振られている固有の ID 番号のこと。個体識別情報，UID

などともいい，携帯電話各社で呼び方が異なる。ただし，もっぱら，いわゆるガラケーについて問題となるもので，スマートフォンにおいて用いられることは少ない。

コンテンツプロバイダ（CP） >>>
インターネット上のコンテンツを提供しているサービスの主体。たとえば，ブログや掲示板などのサービスを提供する会社がこれに該当する。

サーバ >>>
ネットワークにつながったコンピュータからの要求に対してデータの提供等の処理を行うコンピュータ，またはそのプログラムのこと。

スニペット >>>
検索サイトによる検索結果の一部として3行ほど表示されるウェブページの要約文のこと。「切れ端」，「断片」という意味の英語「snippet」に由来する。

スレッド >>>
1つの話題に属する複数の発言や記事をまとめたもの。「スレ」などと略称されることも多い。電子掲示板などの「板」（いた）と混同されることも多いが，「板」の中にスレッドが作られているという関係にあり，別の概念である。なお，スレッドは「thread」であり，英語で糸，筋，脈絡などの意味を持つ。

送信防止措置依頼 >>>
プロバイダ責任制限法のガイドラインによって定められている手続であり，コンテンツプロバイダやホスティングプロバイダに削除を依頼するもの。インターネットが公衆に情報を送信している状態であることから，これを阻止してしまえば情報が見えなくなるため，実質的な削除に当たる。なお，削除を「請求する権利」ではない点に注意が必要である。

タイムスタンプ >>>
サーバにアクセスされた日時を記録したもの。

タイムライン >>>
SNSにおいて，自分の投稿と友人の投稿が時系列に沿って表示される場のこと。

ツイート（tweet） >>>
「Twitter」における書込み（投稿）を指す言葉。なお，「Twitter」に書き込むことができる文字数は，140文字が上限である。

電凸・メル凸 >>>
「電話で突撃する」，「メールで突撃する」の意味で，不満のある企業・団体に対して一般消費者の立場で電話をかけたりメールを送ったりするなどして，直接に企業としての見解や立場，対応などを問うことを指すネットスラング。

特定電気通信 >>>
インターネットを介して不特定多数の者が閲覧できるもの。メールや，アプリのダイレクトメッセージ（DM），「LINE」のトークによる通信などは含まない。

特定電気通信役務提供者 >>>
インターネット通信を媒介する業者のこと。インターネットサービスプロバイダ，コンテンツプロバイダ，ホスティングプロバイダなどを含む。

ドメイン >>>
インターネット上の住所に当たる。たとえば，「https://xxx.jp/」というウェブサイトがあれば，「xxx.jp」がドメインになる。

発信者 >>>
書込みをした人物のこと。

発信者情報開示請求 >>>
発信者を特定するために，特定電気通信役務提供者に情報を開示するよう請求すること。なお，プロバイダ責任制限法8条により，「発信者情報開示命令」という裁判手続（非訟事件）が定められている。

プロキシ（proxy） >>>
「代理」の意味。インターネットに接続していない内部ネットワークからインターネット接続を行うための中継サーバを指す。「串」などと呼ばれることも

ある。自分に割り振られているIPアドレスが外部に漏れることを防ぐことができる。

ブログ >>>
日記的なウェブサイトの総称。「Webを Log する」という意味でウェブログ（Weblog）と名づけられ，それが略されてブログ（Blog）と呼ばれている。

ホスティングプロバイダ >>>
データが保管されているサーバを提供する主体。レンタルサーバサービスを提供する会社などを指す。

リツイート >>>
「Twitter」において，他のユーザーがしたツイートを，自分のフォロワー（お気に入りに登録している人）のタイムラインにも届ける仕組みのこと。

リモートホスト >>>
接続している通信相手のコンピュータや端末のこと。

レス >>>
レスポンス，返答のこと。掲示板に投稿した際に自動的に割り振られる投稿された順番を示すもの。

ローカルホスト >>>
リモートホストに接続しているコンピュータや端末のこと。端的にいえば，自身の端末のこと。

DM　>>>
ダイレクトメッセージのことであり，送信ユーザーと受信ユーザーのみが閲覧することができる非公開メッセージを指す。名称は各サービスによって異なるものの，もっぱら SNS において実装されている。

IP アドレス　>>>
インターネット・プロトコル・アドレスのこと。「180.22.87.85」のような数字の羅列であり，ネットワーク上の機器を識別するための番号。なお，このような表示は IPv4 という規格のものであり，IPv6 という規格への移行が進んでいる。本書では，もっぱらアクセスプロバイダを特定するためのものとして用いる。法律上は「アイ・ピー・アドレス」と表記されている。

MNO　>>>
Mobile Network Operator の略であり，移動体通信事業者のこと。携帯電話等のモバイル用回線網を所有しており，自社ブランドで通信サービスを提供している会社。docomo，au，ソフトバンクなどのブランドがこれに該当する。

MVNO　>>>
Mobile Virtual Network Operator の略であり，仮想移動体通信事業者のこと。格安スマートフォンの提供主体など，自ら通信設備を持つことなく，MNO から回線網を借りて，通信サービスを提供している。

SEO　>>>
Search Engine Optimization の略であり，検索エンジン最適化と訳される。一般的には，検索結果ページの表示順の上位に自分のウェブサイトが表示されるように工夫すること。

SNS　>>>
ソーシャル・ネットワーキング・サービス（Social Networking Service）の略であり，インターネット上で社会的なつながりを作り出すサービス。「Twitter」「Facebook」「Instagram」などが代表的である。

Tor　>>>
トーア。複数のプロキシサーバを経由することで，接続経路の匿名化を実現するためのソフト。いわゆる遠隔操作ウイルス事件で話題になった。

URL　>>>
Uniform Resource Locator の略であり，インターネット上に存在する情報の場所を指し示すもの。

WHOIS　>>>
インターネット上でドメイン登録者やIP アドレスの検索などができるサービスのこと。

Wi-Fi　　　　　　　　　>>>

無線 LAN の規格の 1 つ。「ワイファイ」
と読む。無料でインターネットに接続
できる Wi-Fi スポットも最近増えてい
る。

第4版 おわりに

第1章の10の事例は，さまざまなインターネット上のトラブルをもとに作成しました。ニュースで見聞きしたようなケースもあったかもしれませんし，もしかすると，大きくなっていないだけで，実際に身の回りで起きていたようなケースもあったかもしれません。

各事例の主人公はトラブルを経て，どのような思いを抱いたのでしょうか。実際に著者が受けた相談をもとに，まとめてみましょう。

まずは，個人が被害を受けてしまった事例です。

- 毎日怖い思いをしながら暮らしていました。引越と転職を考えましたが，書込みの削除と犯人の特定ができ，裁判所で「二度と同じことはしない」と約束してもらって，やっと少し安心して，生活できるようになりました。(**事例1**・横田愛梨紗さん・携帯電話販売店勤務)

- コラージュ写真とはいえ，私の裸と誤解される写真が出回っていたので，「この人も写真を見ているかもしれない」と考えると，人に会うことができなくなりました。しばらく仕事も休み，会社にも影響が出て，許せない気持ちでいっぱいです。削除ができて，どうにか精神的に落ち着いたので，そろそろ仕事に復帰しようと思っています。(**事例2**・後藤奈帆子さん・ベンチャー企業経営)

- 社内にとどまらずお取引先の皆様の間でも噂になってしまい，仕事を進めにくい状況にありました。これで仕事にようやく集中できそうです。あらゆる誤解を解きながら，懸命に仕事をしていきます。(**事例8**・山崎佑三さん・銀行勤務)

- ずっと気がかりでしたが，削除が完了して解放されたような思い

です。就職活動にも前向きな気持ちで臨むことができるようになりました。新たな職場で，再びがんばりたいです。（**事例10**・杉山恭雄さん・求職中）

　このように，書き込む側は気軽にやっているかもしれませんが，書込みの被害を受けた人は，心に大きな傷を負うことが非常に多いです。削除依頼や開示請求は，心の重荷を減らし，生活そのものを前向きにできるきっかけの１つにもなります。取りうる方法を使って，状況を変えることが重要ではないでしょうか。

　次に，企業が被害を受けてしまった事例です。

- ・誹謗中傷の削除とともに丁寧な情報発信を行うことで，お客様との信頼関係を築くことができると感じました。日頃から，お客様への説明責任を果たしていく重要性がわかりました。（**事例5**・IT関連企業経営者）

- ・虚偽とはいえ，当社に関するマイナスの情報が流れたことにより，当社の勤務体制を見直すきっかけが生まれました。すべての従業員にとって働きやすい職場づくりを，今後も行ってまいります。（**事例6**・白石潔士さん・ベンチャー企業経営）

- ・今回の事態は，当社に関わりのないところで発生したものの，企業名の変更を含めた対応を検討してきました。誤解されるような書込みを削除できたことで，間違われることも随分減ってきました。引き続き，思い違いをなさっているお客様には，当社ウェブサイトなどで丁寧にご説明を行ってまいります。（**事例7**・外食関連企業勤務）

　企業の場合，削除依頼や開示請求といった対応にとどまらず，顧客対応のあり方や社内の問題点の再検討といった，企業そのものを見直す機会にもなりえます。マイナスの出来事をプラスにつなげることは，企業としては大切でしょう。

一方，図らずも炎上を引き起こしてしまった事例はどうでしょうか。

- 軽いノリでやったことがどれほど影響をもたらすのか，嫌というほど思い知りました。アルバイトは辞め，大学にも行きにくいです。今後の人生にも影響すると思うと，取り返しのつかないことをしたと後悔しています。何とかもう一度やり直したいです。(**事例3・北村延生さん・大学生**)
- 生活のために必死で働いていたアルバイトを解雇され，一時期，生活が立ち行かなくなりました。今では別の飲食店で働いていますが，今後はこの店で正社員になりたいと思っています。油断せずに仕事をしていきたいと思います。(**事例4・吉澤尚基さん・飲食店勤務**)
- 情報漏洩によって会社や会社の取引先に大きな迷惑をかけてしまいました。職場は，居づらくなったので退職しました。私の安易な「Instagram」の投稿が，ここまで大きな影響を与えてしまったことに，言葉もありません。現在転職活動中ですが，応募先の企業から今回のことを指摘されるのではないかと思うと，気が気ではありません。(**事例9・香田将輝さん・元自動車メーカー勤務**)

日常生活の中で行った1つの行動が，人生を一変させてしまいました。**事例4**の場合は勤務先にも問題がありましたが，結果的に吉澤さんのような立場の弱い従業員が大変な状況に追い込まれました。

炎上によって，企業も大きな損害を受けますが，個人も社会生活を送る上での深刻な問題を抱えることになりかねません。人の目はインターネット上にもあるということを，再認識していただければと思います。

インターネットが社会インフラの1つとなった現代，誰もが自由自在にインターネットを利用しています。そのため，事例の主人公のような状況に，誰もが陥ったり遭遇したりする可能性があるのです。

インターネットは決して無法地帯ではないことは，既におわかりの通

りです。本書の具体的な対応法を頭の片隅に置きながら，日々進化して
いるインターネットをより一層便利で安全に使いこなしていただければ
と願っています。

2022年9月

清水　陽平

著者紹介 ≫≫≫

清水　陽平（しみず・ようへい）

　弁護士（東京弁護士会所属）。

　インターネット上の誹謗中傷対策や炎上対策などを数多く扱う。Twitter, Facebook に対する開示請求で，それぞれ日本初となる事案を担当した。

　2007 年弁護士登録（60期）。2010 年11月に法律事務所アルシエンを開設。一般財団法人情報法制研究所（JILIS）上席研究員。

　インターネット問題に関して，各種テレビ番組へのスタジオ出演，コメントを多数行っているほか，新聞・雑誌などでのコメントも多数。2020年に総務省が行った「発信者情報開示の在り方研究会」の構成員となり，プロバイダ責任制限法改正に関与した。

サイト別　ネット中傷・炎上対応マニュアル〔第4版〕

2015（平成 27）年　6 月 15 日	初　版 1 刷発行	
2016（平成 28）年 12 月 15 日	第 2 版 1 刷発行	
2020（令和　2）年　1 月 15 日	第 3 版 1 刷発行	
2022（令和　4）年 11 月 15 日	第 4 版 1 刷発行	

著　者　清　水　陽　平

発行者　鯉　渕　友　南

発行所　株式会社　弘　文　堂　　101-0062　東京都千代田区神田駿河台 1-7
　　　　　　　　　　　　　　　　TEL 03（3294）4801　振替 00120-6-53909
　　　　　　　　　　　　　　　　https://www.koubundou.co.jp

装　幀　松村大輔

印　刷　三報社印刷

製　本　井上製本所

ISBN 978-4-335-35917-0